TRAITE ELÉMENTAIRE

D'AGRICULTURE

TOURS, IMPRIMERIE ROUILLÉ-LADEVÈZE
Rue Chaude, 6.

TRAITÉ ÉLÉMENTAIRE
D'AGRICULTURE

A L'USAGE

DES ÉCOLES PRIMAIRES, DES ÉCOLES NORMALES
ET DES JEUNES GENS
QUI SE PRÉPARENT AU VOLONTARIAT D'UN AN

PAR

Michel ROUGIER

MEMBRE DE LA SOCIÉTÉ D'AGRICULTURE, SCIENCES ET ARTS DE LA DORDOGNE
MEMBRE DE LA SOCIÉTÉ HISTORIQUE ET ARCHÉOLOGIQUE DU PÉRIGORD
AUTEUR DE PLUSIEURS OUVRAGES SUR L'INSTRUCTION PRIMAIRE
INSTITUTEUR COMMUNAL AU BUGUE (DORDOGNE)

« Les biens que donne la terre sont les seuls inépuisables, et tout fleurit dans un Etat où fleurit l'agriculture. »
(SULLY)

PARIS
LIBRAIRIE CH. DELAGRAVE
15, RUE SOUFFLOT, 15

1880

A M. MENETREL

Inspecteur d'Académie honoraire, Officier de l'Instruction publique,
Chevalier de la Légion d'honneur.

MONSIEUR L'INSPECTEUR D'ACADÉMIE,

En plaçant votre nom en tête du livre que je destine à l'intéressant public de nos écoles, je paie une dette de reconnaissance.

Quand vous étiez le chef aimé du personnel enseignant de la Dordogne, j'obtins, par vos soins, une récompense qui devint pour moi un encouragement puissant. Ne devais-je point me montrer digne de la faveur dont j'avais été l'objet ?

C'est sous l'inspiration de ce sentiment, sans prétention aucune, que j'ai songé à écrire mon ouvrage : s'il a quelque valeur, c'est à vous, Monsieur l'Inspecteur d'Académie, qu'en revient tout le mérite; c'est encore à vous que j'en dois tout l'hommage.

Veuillez l'agréer, car ce sera pour moi le sujet d'une gratitude nouvelle à l'expression de laquelle vous me permettrez d'ajouter celle du profond respect avec lequel je suis,

Monsieur l'Inspecteur d'Académie,
Votre très-humble et dévoué serviteur.

Michel ROUGIER.

PLAN DE L'OUVRAGE.

Notre livre renferme toutes les matières comprises dans le programme officiel du 31 juillet 1851, et celles qui ont été ajoutées depuis cette époque, pour l'enseignement agricole des écoles primaires et des écoles normales. Nous croyons qu'il est écrit avec simplicité et concision, et qu'il peut servir aussi utilement aux jeunes gens qui se préparent au volontariat d'un an qu'aux cultivateurs qui n'ont encore reçu aucune notion d'agriculture.

Divisé en quatre parties, notre *Traité élémentaire d'agriculture* comprend, dans la première, indépendamment des définitions préliminaires, les différentes espèces de sols, leurs classifications, les amendements, les engrais, les plantes, leur culture, les instruments et les outils aratoires, les façons culturales, la jachère, les assolements, le drainage avec ses améliorations récentes, la vigne, etc.

Nous avons soigneusement indiqué la nature, l'espèce, la famille des plantes : nous avons même fait connaître tous les caractères qu'elles présentent dans l'emploi qu'on en fait dans la vie domestique. Quand cela nous a été possible, nous avons toujours dit un mot spécial des procédés culturaux et des pratiques vicieuses en usage dans notre département.

La deuxième partie traite de l'arboriculture, de la division des arbres, en arbres forestiers, d'agrément et fruitiers. Nous nous sommes longuement étendu sur leur culture, sur les moyens les plus propres, soit à les multiplier, soit à les améliorer par la plantation, la greffe et la taille, etc.

La troisième partie comprend l'économie rurale proprement dite, la construction des bâtiments ruraux, l'entretien des bestiaux, leurs maladies, le grand et le petit bétail, la comptabilité agricole, les voies de communication, si utiles à un pays pour le commerce, l'industrie et l'agriculture elle-même.

En parlant de ces serviteurs si dévoués et si utiles à l'homme, nous avons particulièrement insisté sur les soins qu'il convient de leur donner pour les maintenir dans un état constant de propreté et de santé. Nous en avons même démontré toute l'utilité en agriculture comme dans le commerce et l'alimentation publique. Sans empiéter sur le domaine de la médecine vétérinaire, nous avons fait connaître les moyens, généralement employés, pour guérir ces animaux de certaines maladies, telles que la suffocation, provoquée par un corps quelconque arrêté dans l'œsophage, la météorisation, etc. Nous avons de plus indiqué toutes celles qui réclament les soins du vétérinaire.

La quatrième partie, enfin, traite de l'horticulture, du jardin, de ses travaux, des outils employés, des arrosements, des engrais, de la reproduction naturelle des graines, des semis, des plantes potagères, des plantes médicinales, des fleurs, des animaux utiles et des animaux nuisibles à l'agriculture, etc.

Vulgariser l'enseignement agricole, le développer autant que possible, c'est, croyons-nous, un devoir, un acte de patriotisme. Nous n'avons donc pas voulu nous y soustraire, et nous l'avons même fidèlement rempli partout : dans l'école et par l'étude.

Notre *Traité élémentaire d'agriculture* n'est pas écrit pour les savants ; ils ne sauraient qu'en faire ; mais il est spécialement destiné aux jeunes gens qui peuplent nos écoles, et qui, un jour, se livreront au noble travail de la terre. La forme que nous lui avons donnée, qu'indique suffisamment le titre, nous a paru la meilleure pour faciliter l'enseignement des maîtres et aider l'intelligence des élèves.

Un livre élémentaire d'agriculture réunissant la pratique et la théorie, frappant les yeux par l'exemple, l'esprit par le raisonnement, à la fois simple, clair et concis, n'est pas, je l'avoue, toujours chose facile à trouver, surtout pour cette jeunesse si novice, si indifférente pour tous les éléments d'une science quelconque ; mais cependant, si nous n'avons entièrement réalisé ces qualités précieuses dans notre ouvrage, du moins n'avons-nous rien négligé pour en approcher le plus possible, soit par l'expérience que nous avons de l'enseignement, soit par les études particulières que nous avons faites, soit enfin par les récompenses (1) que nous ont values nos diverses publications agricoles.

La bienveillance de nos supérieurs, la sympathie de nos concitoyens et les encouragements que nous avons reçus pour nos travaux littéraires sont, ce nous semble, autant de témoignages flatteurs, qui nous font espérer le succès d'une œuvre que nous avons si courageusement entreprise. Aurons-nous répondu à un besoin pressant ? Aurons-nous atteint un but utile ? Nous en avons l'espérance et la conviction même, mais l'avenir seul se chargera de nous l'apprendre.

Le Bugue, le 20 mai 1879.

(1) Cinq médailles décernées par la Société d'agriculture, sciences et arts de la Dordogne. Médaille d'or décernée à l'auteur de cet ouvrage par la Société des agriculteurs de France.

CATÉCHISME AGRICOLE

PREMIÈRE PARTIE

CHAPITRE PREMIER

PREMIÈRE LEÇON

De l'Agriculture.

Qu'est-ce que l'agriculture? — L'*agriculture* est l'art de travailler la terre, de la fertiliser, de lui faire produire, sans l'épuiser, tout ce qui sert aux besoins de l'homme.

Comment divise-t-on l'agriculture? — On divise l'agriculture en deux parties, savoir : 1° l'*agriculture théorique;* 2° l'*agriculture pratique.*

Qu'est-ce gue l'agriculture théorique ? — L'agriculture théorique est l'ensemble de toutes les connaissances agricoles. Elle nous enseigne les moyens les plus propres à obtenir des produits meilleurs, plus économiques et plus abondants.

Qu'est-ce que l'agriculture pratique ? — L'agriculture pratique est simplement l'application à la terre des notions agricoles.

Quels sont les principaux éléments qui constituent la science agricole? — Les principaux éléments qui constituent la science agricole sont : 1° *Le sol ou couche arable;* 2° *le sous-sol;* 3° *les amendements;* 4° *les engrais;* 5° *les façons culturales;* 6° *la* *culture des plantes;* 7° *les instruments employés en agriculture.*

Que comprend encore la science agricole? — « La science agricole comprend encore l'art de gouverner, de multiplier les animaux utiles et d'en améliorer les races. Elle embrasse aussi les arts économiques qui sont du domaine de l'industrie agricole. »

Du Sol.

Qu'est-ce que le sol? — Le *sol*, en agriculture, c'est le terrain capable de produire par la culture ; c'est comme un réservoir où viennent s'élaborer, se perfectionner tous les principes destinés à la nourriture des plantes.

Est-il important de choisir un bon sol? — Le choix d'un bon sol est si important que de sa connaissance dépendent l'existence et l'avenir de ceux à qui il est confié.

De la Couche arable.

Qu'est-ce que la couche arable? — *La couche arable* est cette partie de la terre remuée au moyen des instruments.

De l'Humus.

Qu'est-ce que l'humus? — L'*humus* ou *terreau* est une matière spongieuse, d'un aspect poudreux et noirâtre, provenant de la décomposition des corps organisés.

Combien y a-t-il de sortes d'humus? — Il y a deux sortes d'humus : 1° l'*humus végétal;* 2° *l'humus animal;* le premier se forme de tous les détritus des plantes décomposées; le second, de tous les corps des animaux et de leurs excréments.

Quelles sont les propriétés de l'humus ? — L'humus procure aux plantes la plus grande partie de leur nourriture. Il se dissout dans l'eau, et les racines s'en emparent avec avidité. Les plantes aquatiques, les bruyères, les genêts, etc., forment le terreau acide. On le rencontre ordinairement dans les terrains humides, dans ceux surtout qui sont formés de landes. Il n'a pas une grande valeur. Les terrains, longtemps cultivés et bien fumés, donnent naissance au terreau doux; c'est bien le meilleur et le plus riche; il améliore promptement les sols avec lesquels il se trouve mêlé; il rend plus légers ceux qui sont trop compactes, et plus compactes ceux qui sont trop légers; il est toujours l'élément et la source d'une excellente végétation.

DEUXIEME LEÇON

Des différentes espèces de Sols; de leurs classifications.

Combien y a-t-il d'espèces de sols ? — Il y a trois espèces de sols : 1° *les sols sablonneux*; 2° *les sols calcaires*; 3° *les sols argileux*. Les principes qui entrent dans leur composition sont : 1° le *sable* ou *silice*; 2° l'*argile*; 3° *le calcaire*. Selon qu'une de ces matières domine dans ces terrains, ils sont appelés : terrains sablonneux, argileux ou calcaires.

Des Sols sablonneux.

Qu'est-ce qu'un sol sablonneux ? — On appelle *sol sablonneux* celui dans lequel le *sable* ou *silice* est le principe dominant; ce terrain n'a pas de cohésion ; il absorbe l'eau avec facilité, et il ne forme jamais de pâte comme l'argile et le calcaire ; les instruments le divisent sans peine, même par un temps sec; tout en conservant la chaleur qu'il a reçue, il s'échauffe rapidement et à un haut degré.

Comment appelle-t-on encore ces terrains? — On appelle encore ces terres, *terres légères*. Sur les terres argileuses, elles présentent l'avantage de pouvoir être travaillées en tout temps.

Les végétaux croissent-ils dans un sable presque pur? — Dans un sable presque pur, il ne croît guère que des végétaux qui tirent leur nourriture de l'air. Cependant, si le sol sablonneux contient en proportion convenable, d'autres substances terreuses, il est certain qu'il donnera de riches produits, et que la maturité des plantes s'y effectuera plus tôt.

Est-il nécessaire de labourer souvent les terrains sablonneux? — En labourant souvent les terrains sablonneux, on augmenterait inévitablement leur trop grande divisibilité, et les plantes, ainsi mises à nu, souffriraient du manque de terre à leurs racines.

Des Sols argileux.

Qu'est-ce qu'un sol argileux? — Un *sol argileux* est celui dans la composition duquel il entre une plus grande quantité d'*argile*. Ce terrain, qui est tenace et pesant, forme, en le labourant, des masses compactes que la herse ne divise qu'avec peine ; il est très-difficile à travailler. Les cultures y sont toujours pénibles, longues et coûteuses; pour être fertilisé, il a besoin d'une plus grande quantité d'engrais que les autres terres; mais il conserve plus longtemps la fumure qu'on lui a donnée.

Qu'appelle-t-on terres froides et humides? — On appelle terres *froides* et *humides*, celles qui renferment une forte proportion d'argile; les eaux s'en échappent plus difficilement, et elles ont moins de valeur que les autres terres parce qu'elles contiennent plus d'argile et moins de sable.

Des Sols calcaires.

Qu'est-ce qu'un sol calcaire? — On nomme *terres calcaires* celles dans lesquelles le *calcaire*, ou *carbonate* de *chaux*, se trouve en plus grande abondance.

Rencontre-t-on ce sol facilement? — Cette espèce de sol se rencontre moins souvent que les autres : il est même rare de le trouver à l'état de pureté absolue.

Pourquoi l'appelle-t-on calcaire? — « Si le terrain contient plus de calcaire, il se nomme calcaire; mais s'il ne contient qu'une faible partie de carbonate de chaux, sa nature argileuse ou sablonneuse n'est pas sensiblement modifiée. »

Dans les terrains calcaires, les fumiers se décomposent-ils rapidement? — Dans les terrains calcaires, les fumiers se décomposent rapidement. « Les récoltes de grains acquièrent, dans ces sols, des qualités remarquables. Les terrains limoneux et les terrains tourbeux peuvent produire, pendant un certain nombre d'années, sans fumiers, ainsi que les bonnes terres des vieux bois défrichés. »

Les terrains volcaniques ont-ils quelque valeur? — Les terrains volcaniques, d'une certaine profondeur, se placent après ces trois sortes de terres, sous le rapport de la fertilité.

De la Classification des sols.

Comment classe-t-on les sols ? — On classe tous les sols, d'après l'adhérence de leurs parties constituantes, en *terres fortes* et en *terres légères;* les premières sont d'une grande difficulté pour la culture ; les secondes, au contraire, se laissent facilement travailler par les instruments employés en agriculture.

Quels sont les principes qui entrent dans la composition d'un sol ? — Les principes qui entrent dans la composition d'un sol sont, avons-nous dit, le *sable*, l'*argile* et le *calcaire.*

Qu'est-ce que le sable ? — Le *sable* ou *silice* est une matière poreuse absorbant facilement l'humidité ; il a la propriété de rayer le verre et les métaux; ses molécules ont plus d'adhérence ; il s'assimile l'engrais assez promptement et se tasse sous l'influence des pluies; il aime surtout les engrais provenant de l'atmosphère.

Qu'est-ce que l'argile ? — L'*argile* est une terre grasse, composée d'alumine, piquant la langue et exhalant une odeur particulière, capable de se ramollir dans l'eau et de se durcir par la chaleur. Simple, elle est impropre à la culture.

L'argile laisse-t-elle échapper l'eau facilement ? — L'argile compacte, une fois saturée d'eau, ne laisse échapper cette dernière que lentement. Par une forte chaleur, elle se crevasse et devient d'une dureté excessive.

Qu'est-ce que le calcaire ? — Le *calcaire*, ou *carbonate* de chaux, donne aux terrains de la légèreté ; il les rend perméables, peu tenaces, les dessèche vite en décomposant rapidement les fumiers, qu'on leur donne et en faisant effervescence dans les acides.

Ces terrains ont-ils de la valeur ? — A tous les points de vue, ces terrains présentent plus de valeur que les précédents. Ils demandent peu de labours. Mais il est nécessaire qu'ils soient profonds.

Est-il bien facile de distinguer un terrain ? — Si le sol est formé d'un des trois éléments dont nous avons parlé, ce qui est presque impossible, cet élément donnera son nom au sol : ainsi, un sol formé exclusivement d'argile prendra le nom d'argileux. Il en sera ainsi des autres.

Les terrains ne reçoivent-ils pas d'autres noms ? — Si plusieurs éléments constituent un sol, le nom de l'élément qui domine se place au premier rang, et celui des autres vient à la suite dans l'ordre de leur abondance. Ainsi, par exemple, un terrain contenant plus de sable que d'argile, se nommera : *silico-argileux* ; si l'argile domine : *argilo-sablonneux*, etc.

TROISIÈME LEÇON

Du Sous-Sol.

Qu'est-ce que le sous-sol ? — Le *sous-sol* est cette partie de la terre placée au-dessous de la couche arable et sur laquelle celle-ci repose immédiatement. Elle peut être de la même nature ou d'une nature différente.

Combien y a-t-il d'espèces de sous-sols ? — Le plus souvent, le sous-sol est de la même nature que la couche arable ; comme aussi, il peut être d'une nature différente. De là, trois sortes de sous-sols : le *sous-sol sablonneux*, le *sous-sol argileux* et *le sous-sol calcaire*.

Que faut-il faire lorsque le sous-sol diffère de la couche arable ? — Lorsque le sous-sol diffère de la couche arable, il est nécessaire de donner à la terre des labours profonds, afin de mêler, avec cette dernière, une partie du sous-sol. Ce mélange produit d'excellents résultats.

Que se présente-t-il lorsque le sous-sol est de la même nature que la couche arable ? — Il peut se présenter deux cas principaux : dans le premier, c'est une circonstance favorable au cultivateur, car, si la couche arable n'est pas trop compacte ou trop légère, il peut donner, avons-nous dit, plus de profondeur aux labours. Ses récoltes ne souffrent jamais de l'humidité ou de la sécheresse. Dans le second cas, le sous-sol peut servir à corriger les défauts de la couche arable. Un sol argileux qui souffrirait de l'humidité, un sous-sol sablonneux lui serait particulièrement favorable, surtout s'il était à cinquante centimètres de profondeur.

Pour un sol sablonneux, quel est le sous-sol qui lui conviendrait le mieux ? — « Pour un sol sablonneux, au contraire, un sous-sol argileux serait préférable, tandis qu'un sous-sol perméable serait extrêmement nuisible ; l'eau s'en échappe trop facilement ; ce qui fait que par un temps sec, tout y brûle. La même chose aurait lieu si le sous-sol était formé de rochers, ou *galets roulés* qui se trouvent près de sa surface. »

Du Climat.

Qu'entend-on par climat en agriculture ? — « On entend par climat, en agriculture, l'ensemble des circonstances atmosphériques qui constituent la manière habituelle d'une contrée, c'est-à-dire le degré et la durée de la chaleur et du froid qui y règnent pendant l'année, ainsi que la quantité de pluie qui y tombe. »

Ces circonstances varient-elles pour une même contrée? — En général, ces circonstances ne varient, pour la même contrée, qu'à des distances assez étendues.

Le climat exerce-t-il une certaine influence sur les productions de la terre? — Le climat, en effet, exerce une grande influence sur les productions de la terre. Plus un terrain est élevé au-dessus du niveau de la mer, plus la température en est froide. Les grandes plaines sont plus exposées aux vents et à la sécheresse.

Par leur situation, quelle est la valeur des terrains ? — La valeur des terres argileuses est en proportion directe avec la chaleur du climat. Les terrains sablonneux ont d'autant plus de valeur qu'ils sont situés dans un climat plus humide. La position en plaine ou en pente a une grande influence sur la valeur du terrain. Le sol argileux en pente vaut plus que celui qui se trouve en plaine ; sa position inclinée lui permet de se débarrasser de la surabondance de l'eau et de s'échauffer davantage. Les sols sablonneux qui sont en plaine, ont plus de valeur que ceux qui sont en pente.

Les hautes montagnes refroidissent-elles les terres qui les avoisinent ? — « Les hautes montagnes, qui restent couvertes une partie de l'année de neiges abondantes, refroidissent, en effet, la contrée dans laquelle elles se trouvent situées : au printemps, elles rendent les gelées blanches dangereuses pour la végétation ; mais les montagnes d'une hauteur moyenne, contribuent à entretenir la chaleur et à préserver la contrée des vents froids. L'air est bien plus froid dans le voisinage des forêts, et la rosée, bien plus abondante. Néanmoins, les contrées dépourvues d'arbres, sont, toutes choses égales d'ailleurs, plus arides que celles qui en sont garnies. »

Les grands cours d'eau entretiennent-ils la fraîcheur dans leur voisinage? — Certainement, les grands cours d'eau entretiennent la fraîcheur dans leur voisinage ; mais les plantes souffrent souvent des brouillards qui s'élèvent de leur surface.

Combien y a-t-il de sortes de climats? — Il y a trois principales sortes de climats : 1° le *climat chaud* ; 2° le *climat tempéré* ; 3° le *climat froid ;* mais ces trois sortes de climats n'ayant point d'endroit fixe où ils s'arrêtent, deux localités rapprochées diffèrent souvent de climat d'après la situation qu'elles occupent.

Quel est le climat du département de la Dordogne? — Le département de la Dordogne, situé sous le quarante-cinquième degré de latitude, à égale distance du pôle et de l'équateur, dans la zone tempérée, appartient au climat girondin ou du sud-ouest. Ce climat est doux, sain, si ce n'est dans la Double, bien qu'il soit chargé quelquefois d'humidité. La température y est douce et agréable ; mais elle varie en raison de la configuration du sol : ainsi, elle est plus froide dans les pays montueux ou découverts que dans les vallées basses et les parties couvertes de bois, plus froide sur les granits du Nontronnais que sur les craies et les calcaires.

La température est-elle bien élevée dans la Dordogne? — La température la plus élevée est, en moyenne, de 27 à 32 degrés centigrades, et la température la plus basse, de 10 à 14 degrés au-dessous de zéro.

Comment sont les saisons dans ce département? — Dans la Dordogne, l'hiver et le printemps sont très pluvieux ; l'été est fort sec ; l'automne est la plus belle saison. La température moyenne de l'hiver est légèrement plus élevée que celle de Paris. Les vents dominants sont ceux du nord et surtout ceux de l'ouest, qui règnent pendant près de cinq mois de l'année.

CHAPITRE DEUXIÈME

QUATRIÈME LEÇON

Des Amendements.

Qu'est-ce qu'amender une terre ? — *Amender* une terre, c'est la modifier ; c'est lui procurer les qualités qui lui manquent pour la rendre meilleure ; c'est, en quelque sorte, la forcer à produire des végétaux plus nombreux et d'une valeur supérieure à ceux qu'elle aurait produits, si elle avait été abandonnée à elle-même.

Combien y a-t-il de sortes d'amendements? — Il y a deux sortes d'amendements : 1° les *amendements naturels* ; 2° les *amendements artificiels.*

Quels sont les amendements naturels? — Les amendements naturels sont : l'*air*, l'*eau*, la *lumière* et la *chaleur*.

Quels sont les principaux amendements artificiels ? — Les principaux amendements artificiels sont : la *marne*, la *chaux*, le *plâtre*, la *cendre* et le *sel.*

Remarque. — Il ne faut pas confondre ces deux expressions : amendements et engrais.

Lorsqu'un terrain est défectueux par l'excès de ses principes fertilisants, que faut-il faire ? — Lorsqu'un terrain se trouve défectueux par l'excès de ses principes fertilisants, on ajoute une partie de ses principes à un autre terrain également défectueux par les substances qui lui manquent pour former un bon sol.

Comment procède-t-on ? — Ainsi, par exemple, un sol est trop argileux, on l'amende en lui donnant la quantité de sable qui lui est nécessaire, afin que l'air pénètre plus aisément dans toutes ses parties. Dans un autre sol où le calcaire n'existe pas, on l'amende aussi en y introduisant de la chaux qui, alors, en augmente considérablement la fertilité.

Ce raisonnement a fait dire à *Thaër*, l'un des plus savants agronomes qui aient existé, que l'amendement est une *amélioration physique* du sol, tandis qu'il désigne l'emploi des engrais sous le titre d'*amélioration chimique*.

Les amendements sont-ils bien en usage dans notre pays ? — La pratique des amendements est beaucoup trop négligée dans notre pays ; on n'en connaît pas assez les précieux avantages. Un sol peut être très riche ; on peut le laisser privé d'une fertilité convenable, qu'on ne lui rend que par des amendements habilement faits.

De la Marne.

Qu'est-ce que la marne ? — « La *marne* est une terre composée d'argile, de sable et de carbonate de chaux ayant des formes et des couleurs variées ; elle possède la propriété de se déliter à l'air ou dans l'eau, et de faire effervescence au contact des acides. »

Combien distingue-t-on de sortes de mar-

nes ? — On distingue deux principales sortes de marnes : « La *marne argileuse* qui contient 40 pour 0/0 de carbonate de chaux, d'argile et d'un peu de sable, mais l'argile domine, et la *marne calcaire*, formée de 60 à 80 pour 0/0 de carbonate de chaux, le reste consistant en argile et en sable. »

La marne ne reçoit-elle pas d'autres noms ? — Lorsque la marne contient moins de 20 pour 0/0 de calcaire, on l'appelle : *argile marneuse*. On appelle aussi *faluns*, en Touraine, une espèce de marne presque entièrement formée de coquillages. Elle est de la plus grande richesse.

CINQUIÈME LEÇON

Des effets de la Marne.

Quels sont les effets que produit la marne? — Appliquée au sol, la marne agit mécaniquement et chimiquement : « Ainsi, une marne argileuse donne de la liaison aux terrains qui sont trop meubles, tandis qu'une marne calcaire ameublit les terrains compactes ; mais toujours, dans ces deux cas, l'action de la marne est due à la présence du carbonate de chaux. »

Comment agit-elle chimiquement ? — La marne agit chimiquement sur les débris des végétaux contenus dans le sol, en achève la décomposition et les rend propres à servir de nourriture aux plantes.

La marne argileuse convient-elle mieux aux sols sablonneux que la marne calcaire ? — En effet, la marne argileuse convient mieux aux sols sablonneux que la marne calcaire ; mais cette dernière, en revanche, s'applique plus avantageusement aux sols argileux. De tous les terrains cependant, les sols sablonneux sont ceux sur lesquels la marne agit le plus efficacement, par suite de la proportion prépondérante d'argile que contient la marne, qu'il convient de leur appliquer.

Que faut-il faire pour connaître la proportion de carbonate de chaux contenue dans la marne ? — Pour connaître la quantité de carbonate de chaux contenue dans la marne, Mathieu de Dombasle, célèbre agronome, conseille le moyen suivant : « On pèse 100 décigrammes de la marne qu'on veut essayer; après l'avoir fait dessécher, on les met dans un verre à boire ordinaire avec un peu d'eau pour les faire déliter; on verse ensuite quelques gouttes d'acide nitrique (eau forte) ; on agite ce mélange avec une baguette de bois, et l'on attend que l'effervescence soit passée. Alors, on verse encore quelques gouttes d'acide, et l'on continue d'en verser goutte à goutte jusqu'à ce que les dernières gouttes ne produisent plus aucune effervescence en agitant le tout avec la baguette. Quand ce résultat est obtenu, on peut être assuré que tout le carbonate de chaux est dissous; on emplit ensuite le verre avec de l'eau ordinaire bien claire; on agite toute la masse avec la baguette et on laisse déposer; lorsque la terre est déposée au fond du verre et que l'eau est bien claire, on la verse doucement pour ne pas entraîner la terre avec elle. On verse de nouvelle eau dans le verre, et l'on continue ainsi trois ou quatre fois en remplissant le verre d'eau à chaque fois et en le vidant avec précaution lorsque la terre est bien déposée et que l'eau est devenue parfaitement claire. Ces divers lavages entraînent le sel qui a été formé par la décomposition du carbonate de chaux. On jette alors dans une soucoupe la terre qui est au fond du verre; on rince celui-ci avec un peu d'eau pour ne perdre aucune partie de terre et on la laisse déposer dans la soucoupe qu'on incline légèrement pour en faire écouler l'eau. Quand la terre est bien sèche on la pèse exactement. La diminution de poids que la terre a éprouvé indique la quantité de carbonate de chaux qui s'y trouvait, et qui a dû être, en totalité, dissoute par l'acide et enlevée par les lavages.

Ainsi, si nos 100 décigrammes se trouvent reduits à 25, on calculera que la terre contient 75 pour 0/0 de carbonate de chaux. C'est alors une marne calcaire qui convient aux sols sablonneux et aux sols argileux. »

La marne détruit-elle les mauvaises herbes ? — La marne détruit presque complètement les mauvaises herbes se trouvant sur le sol et nuisant, en les empêchant de croître, aux récoltes qu'on lui a confiées.

Existe-t-il beaucoup de marnières en France ? — Les marnières, en France, sont assez communes, et il est peu de départements qui n'en aient plusieurs. Les arrondissements de Périgueux et de Nontron en possèdent quelques-unes, argileuses, de la plus grande valeur. Les marnières sont quelquefois profondément enfouies dans le sol; mais, à cause des avantages qu'on en retire pour l'amélioration des terrains, on ne doit jamais reculer devant la dépense qu'elles peuvent occasionner par leur extraction et leur transport.

Le sol ameubli par la marne se laisse-t-il travailler facilement en tout temps ? — Le sol ameubli par la marne se laisse travailler en tout temps, se délite à la première pluie, devient plus accessible, ainsi que les autres plantes qu'il porte, à toutes les influences atmosphériques; les racines le pénètrent plus facilement. Dans un tel sol, rendu perméable par la marne, les sucs, desquels se forme la sève, peuvent circuler plus librement et être plus facilement aspirés par les racines.

SIXIÈME LEÇON

Du procédé du Marnage.

A quels terrains convient-il d'appliquer la marne le plus avantageusement ? — La marne peut convenir à tous les terrains, mais principalement à ceux qui manquent de calcaire. La dose à employer est en raison directe de la nature des terrains que l'on veut marner, de l'épaisseur de la couche arable, du plus ou moins de richesse de la marne.

Quelle quantité de marne doit-on appliquer aux terrains ? — « Un sol labouré à 0m25 de profondeur, une marne contenant de 50 à 70 pour 0/0 de carbonate de chaux doit s'employer dans la proportion de 90 à 100 mètres cubes par hectare, de façon que le carbonate de chaux occupe environ les 0.09 du mélange. »

Comment amende-t-on les terres en jachères ? — Pour amender les terres en jachères, il faut conduire la marne dans les champs, avant de les labourer, en automne ou en hiver, et l'y déposer en petits tas. Lorsque, au printemps suivant, la marne est bien délitée, on étend les terres le plus également possible sur la surface du champ, et l'on herse à plusieurs reprises pour mêler la marne en poudre à la terre. Il est nécessaire ensuite de donner à cette dernière un labour très profond. Cette opération doit se renouveler deux ou trois fois dans le courant de l'été, afin de bien introduire la marne dans le sol. On peut ensuite semer du blé ou toute autre plante.

Quels sont les effets de la marne et quelle est leur durée sur les terres marnées ? — « La marne agit peu la première année et pendant celle qui suit son application ; ce n'est, souvent, que la troisième année que son effet devient complet ; il se fait quelquefois sentir pendant 10, 15 ou 20 ans ; après quoi, il est nécessaire de recommencer. »

L'emploi de la marne dispense-t-il de fumer le sol ? — L'emploi de la marne ou de tout amendement ne peut dispenser de fumer un terrain, car, plus il est pauvre, plus il est avantageux de fumer l'année même de l'amendement. Cette opération doit se continuer chaque fois que la terre épuisée le demande. D'ailleurs, les amendements ne peuvent être considérés comme engrais.

De la Chaux.

La chaux peut-elle amender le sol ? — La *pierre à chaux*, ou *carbonate de chaux*, offre un puissant moyen d'amender le sol. Rarement, en France, on a recours à ce moyen pour l'amélioration des terres. Cependant, il est des terrains sur lesquels la chaux produit des résultats aussi satisfaisants que la marne.

Peut-on appliquer la chaux indifféremment à toutes les espèces de terrains ? — La chaux ne s'applique guère qu'aux terrains froids, argileux, généralement aux défrichements, aux tourbières et aux marais desséchés. Si le sol est très humide, il faut l'assainir avant d'y jeter la chaux pour que celle-ci puisse y exercer toute son action.

Faut-il appliquer la chaux aux terre

sèches et trop actives? — Assurément, il faut éviter d'appliquer la chaux aux terres qui sont d'une nature trop sèche et trop active : à celles surtout qui contiennent suffisamment de substances fertilisantes et à celles aussi dont le sous-sol est crayeux.

La chaux donne-t-elle de la liaison aux terrains trop meubles? — Comme la marne, « la chaux donne, en effet, de la liaison aux terrains trop meubles; elle ameublit ceux qui sont trop compactes et provoque la dissolution des substances fertilisantes, qui restaient inertes dans le sol. »

Lorsque la couche arable est profonde et compacte, est-il nécessaire de lui donner beaucoup de chaux? — Plus la couche arable est profonde et compacte, plus il faut donner de chaux. Disposer la chaux vive sur le terrain en petits monceaux que l'on recouvre de terre, laisser ainsi cette chaux jusqu'à ce qu'elle soit complètement éteinte et réduite en poudre, telle est l'opération que l'on doit faire.

Que fait-on ensuite? — On répand la chaux bien également, à la pelle, sur toute la surface du sol. On la mélange avec la terre par plusieurs hersages et par un labour léger en ayant soin de l'enterrer peu profondément. Quelque temps après, on donne des labours plus profonds.

Dans l'opération du chaulage, les fumiers sont-ils aussi nécessaires que pour le marnage? — Dans l'opération du chaulage, les fumiers sont tout aussi nécessaires que pour le marnage, car, lorsqu'on chaule plusieurs fois sans recourir aux fumiers, « la terre s'épuise à tel point que la répétition des plus fortes fumures, suffit à peine pour la remettre en bon état. » Les *plâtras*, appliqués au sol, produisent des résultats analogues à ceux de la chaux.

SEPTIÈME LEÇON

Du Plâtre.

Comment emploie-t-on le plâtre? — Le *plâtre* ou *gypse*, ou *sulfate* de *chaux*, s'emploie en poudre. Connu en agriculture depuis 1760, le plâtre doit son application à cette science, à un ministre protestant nommé Mayer. Le célèbre Franklin l'a popularisé dans les campagnes. Le plâtre se répand sur un champ de trèfle ou de luzerne dans la proportion d'un à deux hectolitres par hectare.

Lorsqu'on l'applique aux céréales, le plâtre exerce-t-il une grande influence sur la végétation ? — Il est incontestable que le plâtre, appliqué directement aux céréales, produit de grands résultats ; mais son action est moins grande sur les autres végétaux : néanmoins, il est certain que toutes les récoltes, à quelque nature qu'elles appartiennent, sont bien plus productives, après un trèfle plâtré, par exemple, qu'après celui qui ne l'a pas été. C'est donc un amendement, dont on ne doit pas se priver lorsqu'on peut se le procurer aisément.

A quelle heure du jour doit-on répandre le plâtre? — On doit répandre le plâtre le soir ou de grand matin, après une pluie lorsque les feuilles sont humides.

A quelle époque peut-on appliquer le plâtre aux plantes ? — C'est ordinairement en mars ou en avril qu'il est le plus convenable d'appliquer le plâtre aux plantes.

Le plâtre a-t-il de l'action sur les graines des légumineuses ? — En effet, le plâtre exerce une grande influence sur les graines des légumineuses, tels que : les pois, les haricots, les fèves, les lentilles, etc. ; celles surtout qui proviennent des terrains gypseux ou de ceux qu'on a plâtrés, cuisent plus difficilement que celles qui proviennent des autres terrains.

Des Cendres.

Les cendres doivent-elles être considérées comme un amendement? — Les *cendres* de nos foyers, celles de tourbe et même celles de charbon de terre, sont au nombre des moyens d'amendement que l'agriculture ne saurait négliger.

Les cendres agissent-elles sur la végétation ? — Il est un fait constant que, mélangées avec les fumiers, les cendres augmentent le nombre des sels qui excitent la végétation tout en l'activant.

Répandues sur les prés humides, les cendres sont-elles considérées comme amendement? — Employées comme amendement sur les prés humides, les cendres produisent les meilleurs effets. Il est certain qu'elles stimulent la végétation des bonnes plantes et finissent par détruire les mauvaises herbes, après un usage de quelques années.

Les cendres sont-elles plus actives avant d'avoir été lessivées, qu'après l'avoir été ? — Les cendres ont une action plus grande avant d'être lessivées ; mais cependant, elles produisent encore des effets remarquables lorsqu'elles l'ont été. On les répand avant la pluie ou la rosée. On peut en répandre de l'épaisseur de cinq à six centimètres.

La suie de cheminée s'emploie-t-elle de la même manière que les cendres ? — On peut, sans inconvénient, employer la suie de cheminée de la même manière que les cendres : son effet, sur les prés humides et couverts de joncs, est peut-être plus actif, mais, dans tous les cas, tout aussi remarquable.

Du Sel.

Le sel a-t-il beaucoup de valeur comme amendement? — Le *sel*, surtout le *sel marin*, a eu pendant longtemps une grande réputation comme étant un des agents les plus puissants que l'agriculture emploie; mais, de l'avis de nos meilleurs agriculteurs, le sel a, en partie, perdu cette réputation. Donné aux bestiaux, il favorise la digestion de leurs aliments et leur procure de l'appétit. Comme engrais, son efficacité n'a pas toujours été bien démontrée.

Les sels ammoniacaux ont-ils plus de valeur que le sel marin? — Incontestablement, les sels ammoniacaux ont plus de valeur que le sel marin: il est seulement fâcheux que, vu leur prix élevé, on ne puisse les employer en agriculture; ils sont de la plus grande richesse.

CHAPITRE TROISIÈME

—

HUITIÈME LEÇON

—

Des Engrais.

Qu'est-ce que l'engrais? — L'*engrais* est une matière qui provient de tous les débris des substances animales et végétales enfouies dans le sol.

Combien distingue-t-on de sortes d'engrais?

— On distingue quatre sortes principales d'engrais, savoir : 1° les *engrais végétaux;* 2° les *engrais animaux*; 3° les *engrais mixtes*; 4° les *phosphates fossiles.*

Qu'appelle-t-on engrais végétal? — On appelle engrais végétal, celui qui est formé de substances végétales.

Qu'appelle-t-on engrais animal? — On appelle engrais animal, celui qui est formé des excréments et des débris des animaux.

Qu'appelle-t-on engrais mixte? — On entend par engrais mixte, celui qui provient à la fois de substances animales et végétales.

Que fait-on pour conserver à la terre ses principes fertilisants? — Pour conserver à la terre toute sa fertilité, il est nécessaire de lui restituer cette quantité d'humus qu'elle a perdue, car, plus le sol contient d'humus, plus il est riche. Les plantes ne se nourrissent et ne vivent presque entièrement que d'humus. Et, pour obtenir ce dernier, il est indispensable de se servir des engrais.

NEUVIEME LEÇON

Des Engrais végétaux.

Quelles sont les substances principales qui entrent dans la composition de l'engrais végétal? — Les substances principales entrant dans la composition de l'engrais végétal, sont : les *feuilles*, les *tiges*, les *racines*, les *fruits* ou les *grains décomposés*, et, en général, tous les *débris des végétaux.*

Qu'appelle-t-on engrais verts ? — On nomme engrais verts toutes les plantes enfouies pour augmenter la fertilité du sol. C'est surtout à l'époque de la floraison que l'enfouissement des plantes doit se faire, comme étant le plus avantageux. A ce moment, en effet, les plantes contiennent plus de sève et se pourrissent avec plus de rapidité.

Quelles sont les plantes qui produisent les meilleurs engrais verts ? — Les plantes produisant les meilleurs engrais verts sont : le lupin, la fève et quelques autres de la famille des légumineuses, le sarrasin, le colza, la navette, le maïs, etc.

Quelle est l'époque la plus convenable pour les semailles et pour l'enfouissement de ces plantes ? — Le lupin, surtout le lupin blanc, se sème ordinairement en automne ; il se sème aussi au printemps ; mais la récolte est moins abondante. L'enfouissement a lieu en mai ou en juin, c'est-à-dire au moment où commence la floraison. Quelques mois plus tard, il est assez décomposé pour qu'on puisse confier à la terre une céréale d'hiver. Il vaut certainement une forte fumure. Le sarrasin se sème en juin ou en juillet pour être enfoui en septembre ou en octobre.

A quels terrains conviennent plus spécialement les engrais verts ? — Les engrais verts conviennent plus particulièrement aux terrains chauds et légers ; ils leur donnent plus de cohésion et de fraîcheur.

DIXIÈME LEÇON

—

De l'Engrais animal.

Qu'entend-on par engrais animal ? — On entend par *engrais animal* toutes les matières qui proviennent d'un animal, sous quelque forme qu'elles se présentent : ainsi, la chair, les os, le sang, les cornes, les excréments, les urines, la laine, les poils, la plume, etc., fournissent aux plantes une nourriture parfaite et abondante ; mais malheureusement cet engrais, rare dans nos pays, est fort coûteux.

Quels sont les moyens à employer pour la prompte décomposition de certaines substances animales ? — Pour activer la décomposition des animaux morts, on les soumet à l'action de la chaux vive ; broyer les os et les cornes, afin d'en faciliter la décomposition, enfouir pendant quelque temps la laine, la plume et les poils, laisser dessécher le sang pour le réduire en poudre, tels sont les moyens généralement employés.

Qu'est-ce que le noir animal ? — Le *noir animal* provient des os carbonisés et réduits en une poudre fine qui, mêlée avec du sang, forme un engrais de la plus grande valeur.

Qu'est-ce que la poudrette ? — La *poudrette*, qui provient des excréments humains, est un engrais pulvérulent, convenant fort bien à tous les terrains et s'épandant à la volée. Comme les précédents, cet engrais, peu employé en agriculture, devient d'une application difficile et d'un prix très élevé.

Comment appelle-t-on les déjections des animaux de basse-cour ? — On comprend, sous ce nom, la fiente des pigeons, ou *colombine*, la fiente des poules, ou *poulaite*, et enfin la fiente des oies et des canards. Employés seuls, ces fumiers peuvent présenter des inconvénients ; ils sont trop actifs et brûlent, souvent, les graines confiées à la terre ; mélangés avec d'autres fumiers, ils produisent généralement d'excellents résultats.

Qu'est-ce que le guano ? — Formé des déjections et des débris de certains oiseaux de mer, le *guano* est un excellent engrais. Il nous vient de quelques îles de l'Amérique du Sud.

Distingue-t-on un grand nombre de variétés de guanos ? — On distingue, en effet, un grand nombre de variétés de guanos ; mais la plus importante et la plus généralement estimée, est le *guano* du *Pérou*. On dit que ses effets sont remarquables. Répandu sur un terrain de peu de valeur, il fait bientôt naître une végétation luxuriante et magnifique ; il agit aussi énergiquement sur les récoltes languissantes et chétives que sur les prairies de mauvaise qualité. Mais le guano s'achète rarement à l'état de pureté absolue. Il faut donc se défier des nombreuses contrefaçons, qui se produisent trop souvent.

ONZIÈME LEÇON

Des Engrais mixtes.

Qu'est-ce que l'engrais mixte ? — On appelle *engrais mixte* celui qui est formé à la fois de matières animales et de matières végétales. Ainsi, par exemple, le fumier de nos étables, composé des excréments et de l'urine des animaux, mêlés à la paille ou aux autres végétaux qui ont servi de litière, constitue l'engrais mixte.

Quel est, dans notre département, le plus important de tous les fumiers ? — De tous les engrais, le plus connu et en même temps le plus employé dans notre pays, c'est bien le fumier qui sort des étables, celui qui provient des litières qu'on a faites aux bestiaux.

Est-il important de faire produire beaucoup de fumier ? — Il est, en effet, de la plus grande importance d'obtenir le plus possible de fumier : pour cela, il faut que les litières soient fréquemment renouvelées, que le bétail soit nombreux dans l'étable et que le cultivateur ne perde pas un seul instant de vue que ses récoltes et son propre avenir peuvent dépendre de la quantité de fumier qu'il aura donnée à ses terres.

Quel est le meilleur moyen à employer pour éviter la déperdition du fumier ? — Pour conserver au fumier ses précieuses qualités, il faut, afin d'éviter la déperdition des sels, le conduire dans les champs au sortir de l'étable et l'enfouir immédiatement. C'est, d'ailleurs, la meilleure manière de l'employer.

Doit on placer les tas de fumier en plein air ? — Une déplorable coutume, dans la Dordogne comme dans la plupart des départements, consiste à placer le fumier en tas, au sortir de l'étable, près des granges ou des habitations : non-seulement les substances gazeuses, qui s'en échappent, se répandent dans les maisons et peuvent y occasionner des maladies souvent graves, mais encore les principes les plus fertilisants du fumier se perdent en pure perte par les lavages des pluies.

Si l'on ne peut conduire le fumier dans les champs, que faut-il faire alors ? — Lorsqu'il est impossible de pouvoir employer les fumiers à mesure qu'on les extrait de l'étable, il faut alors les conserver secs en les plaçant sous un hangar tourné vers le nord.

A défaut de hangar, quelles sont les précautions à prendre ? — Lorsqu'on ne peut placer sous un hangar le fumier nouvellement sorti de l'étable, il faut alors le mettre en tas en l'abritant du côté du midi.

Qu'appelle-t-on purin ? — On appelle *purin* le le jus qui provient du fumier. Pour conserver ce dernier en bon état, il est nécessaire de l'arroser souvent avec le purin même, soit avec une pompe, soit par tout autre moyen.

Qu'appelle-t-on phosphates fossiles ? On appelle *phosphate fossiles* des *coprolithes* ou *rognons* que l'on trouve dans le sol à plus ou moins de profondeur. Ces coprolithes pulvérisés donnent une poudre d'un gris-verdâtre qui, employée comme engrais, produit des résultats excellents aussi bien dans la Dordogne que dans les autres départements. Ils sont formés de coquillages mêlés aux ossements et aux excréments de grands sauriens; ils se composent de 50 à 85 pour 0/0 de phosphate de chaux, et le reste n'est autre chose que de l'argile, de la craie, du charbon ou des silicates. Employées en agriculture, ces matières doivent subir une préparation spéciale : sans cela, elles ne pourraient, même réduites en poudre, se dissoudre que fort difficilement.

Quelles sont les contrées de la France qui fournissent le plus de phosphates fossiles ? — Les contrées de la France qui fournissent le plus de ces sortes d'engrais sont ; le Nord, le Pas-de-Calais, la

Seine-Inférieure, la Seine et quelques autres départements du Midi.

Comment les emploie-t-on? — On les emploie de la même manière que les autres engrais provenant des animaux morts, tels que le noir, la poudre d'os, etc. La dose par hectare est de 250 à 300 kilogrammes.

DOUZIEME LEÇON

De la qualité des Fumiers. De leur emploi. Des Composts.

De quoi dépendent les qualités du fumier? — Les qualités du fumier dépendent ordinairement de la nourriture des animaux : il est un fait certain que le fumier produit par des bêtes grasses et bien nourries, sera meilleur que celui qui sera produit par des animaux maigres et mal nourris.

Tous les fumiers sont-ils énergiques au même degré? — Tous les fumiers ne sont pas énergiques au même degré : ceux qui sont produits par les moutons et les chevaux ont plus de valeur que ceux qui sont produits par les bœufs et les cochons. On les appelle fumiers chauds. Ces derniers conviennent plus particulièrement aux terrains froids et humides.

Qu'appelle-t-on fumiers froids? — Les fumiers froids, par opposition aux fumiers chauds, sont, au contraire, destinés aux terrains chauds et légers et dans lesquels il existe une certaine quantité de carbonate de chaux, de sable ou silice.

Quelle est l'époque la plus convenable pour le transport des fumiers dans les champs?

— L'époque à laquelle le fumier peut être transporté dans les champs est indifférente. On doit le répandre partout également, afin d'éviter que les récoltes se renversent sur les points trop fortement fumés, et qu'elles languissent dans les parties privées d'engrais.

De l'emploi du Fumier.

Comment emploie-t-on le fumier ? — « Quant à la quantité de fumier qu'on doit employer dans un champ, elle varie nécessairement suivant les besoins du terrain, la nature des récoltes et les ressources dont on dispose : 200 quintaux métriques par hectare sont considérés comme une fumure modérée ; 500 quintaux métriques sont une fumure complète. »

Qu'appelle-t-on fumiers pailleux ? — On appelle fumiers pailleux des fumiers, produits au moyen de pailles et qui, au sortir de l'étable, sont employés immédiatement sur des terres humides et fortes, qu'ils soulèvent et qu'ils divisent.

Des Composts.

Qu'appelle-t-on composts, et qu'elle est la manière de les former ? — Les composts se forment par le mélange des fumiers chauds avec des substances terreuses ou végétales non encore décomposées.

Les composts sont-ils fréquemment employés dans la Dordogne ? — Malheureusement, dans la Dordogne, l'emploi des composts est trop fréquent : formés de raclures de chemin ou de bruyères pures mêlées avec un peu de fumier chaud, les composts n'ont pas la valeur qu'on leur attribue ; transportés sur les terres, leur effet est d'une importance secondaire. On les emploie toujours avant leur complète décomposition : cette manœuvre est ruineuse, car, tout en augmentant le volume du fumier, elle en diminue singulièrement la qualité.

Actuellement, les composts et les fosses à fumiers sont-ils bien en usage ? — La pratique des composts présente des inconvénients : les principes qui les composent, sont trop acides et trop astringents pour n'être pas nuisibles aux plantes. Au surplus, l'agriculture nouvelle relègue les composts et les fosses à fumiers au rang des habitudes vicieuses et coûteuses.

CHAPITRE QUATRIÈME

TREIZIÈME LEÇON

Des Plantes.

Qu'entend-on par plantes ? — On entend par *plantes* des êtres organisés, fixés au sol et privés des organes du mouvement ou de la vie de rotation, mais se multipliant et mourant comme nous.

En combien de classes divise-t-on les plantes ? — On divise les plantes en deux grandes classes : 1° les *plantes ligneuses*; 2° les *plantes herbacées*. La première classe comprend les herbes et les arbustes ; la seconde, les plantes dont la tige est tendre, c'est-à-dire celles qui font l'objet du labourage.

Que comprennent ces dernières ? — Ces dernières comprennent : 1° les *céréales* ; 2° les *plantes à graines farineuses;* 3° les *plantes fourragères;* 4° les *plantes oléagineuses;* 5° les *plantes textiles;* 6° les *plantes tinctoriales;* 7° les *plantes industrielles;* 8° les *plantes à faire certaines boissons;* 9° les *plantes médicinales;* 10° enfin les *plantes potagères.*

Des Céréales.

Qu'appelle-t-on céréales ? — On appelle *céréales*, du nom de Cérès déesse des moissons, les plantes alimentaires, à graines farineuses, de la famille des *graminées.* Elles sont principalement employées à la fabrication du pain.

Quelles sont les plus communes ? — Les plus communes sont: 1° le *blé* ou *froment*; 2° le *seigle*; 3° l'*orge*; 4° l'*avoine*; 5° le *maïs*; 6° le *sarrasin* ou *blé noir*; 7° le *mil* ou *millet.*

Toutes ces graines possèdent-elles toutes les qualités nécessaires à la reproduction? — En effet, ces graines ne possèdent pas toutes les qualités nécessaires à la reproduction. Il est donc de la plus grande importance d'en faire un bon choix.

Que faut-il pour que les graines soient bonnes ? — Pour être bonnes, il faut d'abord que les graines aient été fécondées; ensuite, qu'elles aient été récoltées en temps opportun, c'est-à-dire immédiatement après qu'elles ont atteint leur degré de maturité; enfin, que les organes destinés à la germination n'aient pas été altérés ou détruits.

Y a-t-il des graines qui conservent la faculté de germer pendant plusieurs années ? — Il y a, en effet, des graines qui conservent la faculté de germer pendant plusieurs années; et d'autres qui perdent cette faculté au bout d'un court espace de temps.

Est-il toujours bien facile de reconnaître les bonnes graines d'avec les mauvaises ? —

Cette opération n'est pas toujours bien facile ; cependant, les graines sont considérées comme bonnes lorsqu'elles présentent les caractères suivants : 1° lorsqu'elles sont bien remplies ; 2° lorsqu'elles sont lourdes et qu'elles ne surnagent pas en les plongeant dans l'eau ; 3° lorsque l'épiderme, ou la peau qui les recouvre, est lisse et sans rides ; 4° enfin, lorsqu'elles ne se déforment pas en se desséchant.

Du Blé ou Froment. De ses variétés.

Qu'est-ce que le blé ou froment ? — Le *blé* ou *froment*, de la famille des graminées hordéacées est, sans contredit, la céréale la plus utile à l'homme : c'est celle qui le nourrit et qui renferme, sous le plus petit volume, le plus de matières nutritives. Connu depuis l'antiquité la plus reculée, le blé, par sa production, a toujours préoccupé la société.

Combien y a-t-il de sortes de blés ? — Il y a deux sortes de blés : les *blés tendres* et les *blés durs*. Les blés tendres sont ceux dont la cassure présente un aspect farineux ; les blés durs sont ceux dont la cassure a l'apparence de la corne.

Les blés tendres donnent-ils plus de farine que les blés durs ? — Certainement, les blés tendres donnent plus de farine que les blés durs : ces derniers se conservent plus facilement. « Cependant, le pain fait avec leur farine est moins blanc ; mais il est toujours plus savoureux ; il sèche et durcit moins promptement ; il est même plus nutritif. »

Dans quel pays cultive-t-on ces différentes espèces de blés ? — « Les blés tendres sont cultivés dans les climats froids, c'est-à-dire dans le nord de la France, tandis que les blés durs, le sont principalement dans le midi. » Cette règle n'est pourtant pas absolue, car il y a bien des exceptions.

Qu'appelle-t-on blés d'automne et blés de printemps ? — On appelle blés d'*automne* ou d'*hiver*, ceux qu'on sème en automne ou au commencement de l'hiver, et *blés* de *printemps* ou de *mars*, ceux qu'on sème au printemps. Ces derniers, sous le rapport de la quantité, valent moins que les premiers. On les cultive peu. Cependant, lorsque les blés d'hiver ont souffert du froid ou lorsque les semailles n'ont pu s'effectuer à temps, ils sont d'une grande ressource pour les cultivateurs.

En combien de divisions peut-on partager tous les blés cultivés? — « Tous les blés cultivés se partagent en deux divisions principales : 1° celle des *blés proprement dits*, ayant un grain libre ou nu, se séparant aisément de la balle par le battage ; 2° celle des *épeautres*, ou *froments* à *balle adhérente*. »

Quel est l'aspect de l'épi de chaque espèce de blé ? — 1° Le blé ordinaire a un épi long, étroit et quatre côtés inégaux dont deux plus larges et deux plus étroits. Cette espèce est la plus répandue en France. Elle est la plus estimée sous le rapport de la quantité du grain. « Aussi, on les appelle *blés fins*, par opposition aux *gros blés* appelés *poulards* ; 2° le *blé commun d'hiver*, a un épi allongé, jaunâtre ; son grain est rougeâtre ; il est cultivé dans la Beauce et dans la Brie ; 3° le *blé blanc de mars*, sans barbes ; il se sème en mars, et son grain est infiniment plus court que celui des précédents ; 4° le *blé de Hongrie ;* 5° le *blé Blanzée de Lille ;* 6° le *blé rouge ordinaire ;* 7° le *blé d'Odessa.* » Ces quatre derniers sont également sans barbes.

A quoi reconnaît-on les blés barbus ? — Les blés barbus se distinguent des précédents par leur épi, qui est barbu, et par leur enveloppe ayant une petite pointe allongée. Ils appartiennent à la classe des blés fins.

Quels sont les blés barbus les plus cultivés ? — « Les blés barbus les plus cultivés sont : 1° le *blé barbu d'hiver ;* il est très rustique et bien productif ; 2° le *blé de Toscane,* fournissant une paille avec laquelle on fabrique les chapeaux, dits d'Italie ; 3° le *blé de mars ordinaire* ; 4° le *blé de Sainte-Hélène* ; 5° le *blé de miracle* ; 6° le *blé de Smyrne.* »

Qu'appelle-t-on blés poulards ? — On désigne sous le nom de *blés poulards,* des blés dont l'épi est également barbu, rustique, à quatre faces égales. Ce sont les plus productifs : leur paille est haute, forte et résistante ; mais leur grain vaut moins que celui des blés ordinaires.

Qu'appelle-t-on épeautres ? — On appelle épeautres une espèce de blés ayant un épi long, grêle, la glume ou enveloppe épaisse, coriace et adhérente au grain. Ces blés aiment les terrains montueux et humides. Ils sont principalement cultivés dans les pays froids.

De la culture du Blé.

Quels sont les terrains qui conviennent le mieux au blé ? — Le blé aime particulièrement les terrains calcaires et les terres argileuses. Les terres qui sont trop compactes ou trop légères ne lui conviennent pas.

Après quelles récoltes doit-on semer le blé ? — Le blé se sème ordinairement après une plante sarclée ou après une plante fourragère. Il réussit bien après un jeune trèfle et après toutes les récoltes d'automne, telles que : sarrasin, avoine, maïs, etc.

A quelle époque doit-on semer le blé ? — L'époque la plus convenable pour semer le blé est le mois d'octobre ou de novembre. Attendre plus tard, ce serait s'exposer à ne pas semer du tout, à cause des grands froids de l'hiver. Il est certain que, semé de bonne heure, le blé réussit toujours mieux et résiste mieux aux intempéries de la mauvaise saison.

Est-il important de faire un bon choix de la graine que l'on veut ensemencer ? — Il est incontestable qu'on doit apporter le plus grand soin au choix de la graine à ensemencer: il faut qu'elle soit de l'année, et qu'elle soit débarrassée de toutes les mauvaises graines qu'elle pourrait contenir.

QUATORZIÈME LEÇON

Du Chaulage de la semence.

Quelle préparation fait-on subir à la semence avant de la confier à la terre ? — Pour préserver le blé de la *carie*, maladie à la quelle il est souvent exposé, on lui fait subir une préparation appelée *chaulage*.

En quoi consiste le chaulage ? — Mettre le blé en contact avec de la chaux ou avec une autre substance qui puisse remplir le même but, telle est l'opération du chaulage.

Combien y a-t-il de manières de chauler le blé ? — On distingue trois manières de chauler le blé: 1° le *chaulage sec* ; 2° le *chaulage par aspersion* ; 3° le *chaulage par immersion*.

Qu'est-ce que le chaulage sec ? — On appelle chaulage sec le mélange que l'on fait du blé avec de la chaux pulvérisée. Il est bon de remuer souvent le blé pour que les grains s'impreignent bien de la chaux. Ce chaulage est moins apprécié que les autres.

Qu'est-ce que le chaulage par aspersion ? — Le *chaulage par aspersion* consiste à asperger le blé avec un lait de chaux. Ce moyen est aussi défectueux que le précédent, car il est bien difficile, pour ne pas dire impossible, que tous les grains soient soumis à l'action de la chaux.

Qu'est-ce que le chaulage par immersion ? — On appelle *chaulage par immersion* l'action de plonger le grain dans un lait de chaux et à l'y laisser séjourner pendant vingt-quatre heures au moins. Au fur et à mesure que l'on verse du blé dans le liquide, il faut avoir soin de remuer souvent et d'enlever les grains qui flottent à la surface, car, presque toujours, ils sont de mauvaise qualité. Sorti du vase, le blé est mis en tas pour le faire égoutter ; pour cela, on le remue fréquemment.

Que faut-il faire pour préparer le lait de chaux ? — Pour préparer le lait de chaux, il faut un kilogramme de chaux par hectolitre de grain et une quantité d'eau suffisante pour le délayer et pour le recouvrir pendant son séjour dans le mélange. Des trois procédés indiqués plus haut, ce dernier paraît le plus efficace pour préserver le blé de la carie ; il hâte la germination du grain. C'est quelque chose.

La chaux est-elle remplacée par d'autres substances pour l'opération du chaulage — ? Le *sulfate de cuivre* ou *vitriol bleu*, ou le *sulfate de soude* remplacent avantageusement la chaux dans l'opération du chaulage. Ces substances produisent à peu près les mêmes résultats que la chaux ; ce dernier procédé est préféré : 300 grammes de sulfate, dissous dans l'eau, suffisent largement pour un hectolitre de semence.

Lorsqu'on a sorti le blé du liquide, on procède comme nous venons de l'indiquer plus haut. Un mélange de sel au *vitriolage* ou *sulfatage* du blé est aussi fortement recommandé. Le sel a, dit-on, la propriété d'entretenir la semence dans une fraîcheur qui active la germination.

Des Semis.

Qu'est-ce que semer une graine ? — « Semer une graine, c'est mettre cette graine en terre pour l'y faire germer et multiplier. »

Comment sème-t-on les grains?—Les grains, quelle que soit leur provenance, se sèment de deux manières : 1° *à la volée* ; 2° *en ligne*. Semer à la volée, c'est répandre le grain sur la terre avec la main ou avec les deux mains. Dans ce dernier cas, il suffit d'avoir un panier solidement attaché devant soi pour cette opération, qui d'ailleurs ne présente aucune difficulté. Semer en ligne, c'est répandre la semence dans des lignes également espacées, soit à la main, soit au moyen de *semoirs*. Cette dernière méthode est la plus recommandée.

Cette dernière méthode convient-elle plus particulièrement à certaines graines?— Il est certain que, semées en ligne, les plantes sarclées, telles que la betterave, le maïs, la carotte, etc., s'accomodent mieux de ce moyen que des précédents.

Que faut-il faire lorsqu'on a répandu la semaille sur le sol ? — Lorsque la semaille a été répandue sur le sol, il faut la recouvrir avec la charrue ou la herse, à une profondeur de 0m,08 à 0m,10 centimètres.

Faut-il bien ameublir le terrain avant de lui confier les semailles?—Avant de recevoir les semailles, la terre doit être, en effet, convenablement ameublie et débarrassée des mauvaises herbes qu'elle contient ; car, sans cela, on s'exposerait à faire croître des plantes parasites qui diminueraient le rendement et augmenteraient les travaux de culture.

QUINZIÈME LEÇON

Des Soins à donner au blé.

Quels sont les soins à donner au blé ? — Les soins à donner au blé, pendant la végétation, sont de trois sortes : 1° les *sarclages* : 2° les *binages;* 3° les *roulages*.

Qu'est-ce que le sarclage du blé ? — On appelle sarclage du blé l'arrachage des mauvaises herbes qui nuisent à sa végétation. Ce travail se fait dans le courant de mars ou d'avril. Sur des terrains légers, le sarclage produit toujours de bons résultats ; mais sur des terrains argileux, il peut produire des inconvénients fâcheux : il faut choisir le moment où la terre ne soit ni assez durcie pour l'arrachage des mauvaises herbes, ni assez humide pour qu'elle soit trop comprimée par les pieds des ouvriers.

En quoi consistent les binages? — Les binages consistent en d'autres façons que l'on donne au blé; mais la plus utile de toutes, est, sans contredit, un *hersage* fait à propos.

Qu'est-ce que le hersage ? — Le hersage n'est autre chose que l'action de faire passer la herse sur le blé : cette opération, plus facile et moins coûteuse que les sarclages faits à la main, est la plus généralement pratiquée. La herse a l'avantage de provoquer le développement de nouvelles tiges coronales compensant largement le petit nombre de pieds détruits pendant le travail.

A quelle époque doit-on herser le blé ? — Le *hersage* du blé se fait ordinairement sur la fin de mars et dans le courant d'avril, mais toujours avant la pluie.

Qu'est-ce que le roulage ? — Le *roulage* consiste à faire passer sur le blé un instrument appelé *rouleau :* tasser le sol soulevé par la gelée, enterrer les racines dénudées par les froids dans les terres dont la préparation n'a pas été assez soignée, telle est l'opération du roulage.

A quelle époque se fait le roulage? — Comme le hersage, le roulage a lieu au printemps, au moment où la végétation commence. Pour égaliser les sillons, on peut, sans inconvénient, rouler les terres nouvellement ensemencées.

De la Récolte du blé.

A quelle époque a lieu la récolte du blé ? — La récolte du blé se fait, pour les départements du midi, dans la première moitié de juillet; dans l'autre, pour les départements du nord et du centre de la France.

A quels indices reconnaît-on la maturité du blé ? — Lorsque la paille est jaune et que l'épi a la même couleur qu'elle, s'il s'incline, on peut être certain que le blé est mûr.

De quelle manière coupe-t-on le blé ? — Le blé se coupe ou à la faucille, ou à la sape, ou à la faulx. Ces deux derniers instruments valent mieux que le premier : ils abrégent le travail, et, par conséquent, la peine.

N'y a-t-il pas d'autres instruments plus abréviateurs pour le coupage des blés ? — Depuis peu, on applique au coupage des blés des moissonneuses mécaniques ayant surtout l'avantage de lutter contre le mauvais temps et contre les exigences des ouvriers agricoles. Déjà, les moissonneuses abondent : le jour n'est pas éloigné où les fabricants français et étrangers pourront les vendre à des prix moins élevés.

N'est-il pas nécessaire de couper le blé quelques jours avant sa complète maturité ? — Il est, en effet, plus avantageux de couper le blé avant sa complète maturité : d'abord, il se perd moins, et puis ensuite la farine, plus abondante, est meilleure.

Que fait-on du blé à mesure qu'on le coupe ? — Une fois coupé, le blé est mis en *javelles :* ces dernières sont laissées sur le champ le temps nécessaire à la dessiccation de la paille. Après quoi, on doit mettre le plus grand empressement à lier et à rentrer les gerbes, car, à cette époque de l'année, on doit surtout craindre les orages qui, souvent, occasionnent des dégâts considérables.

Comment conserve-t-on le blé ? — Dans quelques contrées de la France, on conserve le blé en gerbes dans des locaux suffisants : de la sorte, l'agriculteur l'a à sa portée pour le battre. Dans d'autres, on construit des *gerbiers* au dehors et à proximité des bâtiments. Ce dernier moyen est peu usité dans le département de la Dordogne.

De quelle manière se fait le battage du blé ? — Le *battage* du blé se fait de trois manières : 1° ou au fléau ; 2° ou au rouleau ; 3° ou à la machine.

Qu'est-ce que le battage au fléau ? — Le

battage au fléau, malheureusement trop répandu dans nos contrées, se fait à bras; il est très lent, très pénible, et, en même temps, très coûteux. De cette façon, un vingtième du grain reste dans la paille.

Qu'est-ce que le battage au rouleau ? — Le *battage au rouleau*, employé dans le nord et dans le midi de la France, consiste à étendre les gerbes sur une aire ou sur un sol bien préparé, et à faire passer dessus le rouleau traîné, soit par des bœufs, soit par des chevaux.

On appelle *dépiquage* le piétinement des gerbes par des chevaux ou par des mulets dressés à ce genre de travail. Ce moyen n'est guère employé que dans quelques contrées du midi et du sud-est de la France.

Comment se fait le battage à la machine ? — De tous les moyens employés jusqu'ici pour battre le blé, le plus avantageux et le plus économique est bien celui qui se fait à la machine : le rendement en grains est supérieur d'un vingtième environ, et le temps, précieux à cette époque de l'année, peut être employé à d'autres travaux non moins utiles. Il serait à désirer que l'usage des machines mues, soit par les bœufs ou les chevaux, soit par la vapeur, se répandit davantage. L'intérêt des cultivateurs le commande.

Des Maladies du blé.

Quelles sont les maladies les plus communes au blé ? — Les maladies auxquelles le blé est sujet sont : 1° le *charbon;* 2° la *rouille;* 3° l'*ergot;* 4° la *carie,* la plus terrible de toutes.

Qu'est-ce que le charbon ? — Le charbon est une poussière noirâtre s'attachant au grain, que le vent et la pluie enlèvent quelquefois après la floraison. Cette maladie est attribuée à la présence de plantes parasites appartenant à la famille des champignons. Elle est sans odeur.

Qu'est-ce que la rouille ? — La rouille est une poussière jaunâtre recouvrant toutes les parties de la plante : elle a pour résultat fâcheux de diminuer le rendement des récoltes. Comme la précédente, elle est due à un champignon parasite. Jusqu'ici, cette maladie n'a pu être prévenue; par un temps humide, elle se développe beaucoup plus que par un temps sec.

Qu'est-ce que l'ergot ? — On désigne sous le nom d'ergot un grain long, violet et présentant la forme d'un ergot de coq : cassé, le grain est blanc et cotonneux extérieurement. Son odeur est désagréable. L'ergot fait quelquefois perdre un tiers de la récolte; le blé ergoté, mêlé dans une notable proportion à un blé sain, peut occasionner de graves maladies. On doit donc le cribler avec soin. L'ergot a une certaine valeur en médecine.

Qu'est-ce que la carie ? — La carie attaque les grains, qui diffèrent peu des grains sains. Cependant, l'écorce est plus mince, un peu ridée et d'un gris obscur : frottés entre les mains, les grains cariés s'écrasent facilement et laissent échapper une poussière noire et fétide.

La carie, due à un champignon, qui se développe dans l'intérieur du grain, n'a pu être jusqu'ici entièrement détruite : nos meilleurs agronomes ne connaissent pas encore la cause de cette redoutable maladie.

Quels sont les moyens à employer pour prévenir la carie ? — Pour prévenir la carie et même le charbon, il faut avoir recours au sulfatage des grains. La Société d'agriculture de Nantes conseille le moyen suivant, qui consiste :

« A laver la semence à froid, dans une lessive de

cendres de bois, préparée comme pour la *buée*, à laquelle on mêle gros comme le poing de chaux vive, sur la quantité de deux décalitres de lessive. Un décalitre de cendres est nécessaire pour cette quantité. Un baquet ou une demi-barrique suffit pour environ 160 litres de blé. On se sert avantageusement, pour ce lavage, d'un panier d'osier qu'on remplit à chaque fois, de manière que les grains soient bien remués en tous sens, afin que, généralement imbibés, les bons tombent au fond et soient ainsi séparés de ceux de mauvaise qualité, qui surnagent et que l'on enlève. Après avoir égoutté, on vide successivement le panier sur un plancher ou un carrelage. A la suite de bains, et avant que le grain soit sec, on répand sur le tas de la poussière de chaux vive, en prenant le soin de remuer promptement le grain pendant cette opération, et de le retourner avec une pelle en bois pour que toutes les parties humides soient bien pénétrées, et que le grain redevenu sec, soit blanc et poudré de chaux. Il faut observer que la chaux ne doit pas être éteinte à grande eau, mais *fusée*, c'est-à-dire réduite en poudre au moyen de quelques gouttes d'eau seulement répandues sur chaque pierre de chaux, et qu'il n'en faut ainsi éteindre que la quantité nécessaire à chaque opération. »

A-t-on découvert quelques remèdes pour les autres maladies ? — Jusqu'ici, les recherches qu'on a faites pour détruire les autres maladies du blé, ont été tout à fait impuissantes.

SEIZIÈME LEÇON

Du Seigle.

Qu'est-ce que le seigle ? — Après le blé, le *seigle* est la céréale la plus utile : les départements pauvres du centre de la France et ceux qui sont montagneux cultivent beaucoup le seigle.

Quelles sont les variétés de seigles les plus cultivées ? — Les variétés de seigles les plus cultivées sont : « 1° Le *seigle d'hiver*, le plus commun ; 2° le *seigle de mars* ou de printemps, très cultivé dans les Cévennes ; 3° le *seigle de Russie*, à larges feuilles, à grains bien nourris, donnant beaucoup de paille ; 4° enfin, le *seigle de la Saint-Jean*, ou *seigle multicaule*, à petits grains, mais dont la paille et l'épi sont allongés. »

Quel est le terrain qui convient le mieux à la culture du seigle ? — Les terrains argileux et sablonneux conviennent plus particulièrement au seigle. La terre doit être bien ameublie, bien sèche, et autant que possible, labourée depuis longtemps.

Les semailles du seigle doivent-elles se faire avant celles du blé ? — Les semailles du seigle doivent se faire avant celles du blé, surtout pour le seigle qui se sème en automne.

Quelle quantité de seigle emploie-t-on par hectare ? — Ordinairement, on met de 150 à 200 litres de seigle par hectare. On le sème à la volée, et sur un labour nouvellement fait.

Le seigle est-il sujet à quelque maladie ? — Le seigle est sujet à toutes les maladies qui atttaquent le blé, mais principalement à l'*ergot*. Les grains ergotés forment une excroissance dure, compacte, cassante, d'un noir violacé. On enlève le seigle ergoté au moyen du criblage ; mais, comme pour le blé, on doit toujours avoir grand soin de faire cette opération au seigle, car, sans cela, il est nuisible à la santé.

A-t-on fait des expériences pour préserver le seigle de l'ergot? — Quelques expériences font penser qu'on peut préserver le seigle de l'ergot, en employant les mêmes moyens que pour prémunir le blé contre la carie.

Quels sont les travaux d'entretien que demande le seigle ? — Le seigle exige les mêmes travaux que le blé. Les hersages, faits à propos en mars et en avril, lui sont particulièrement avantageux.

A quelle époque le seigle est-il mûr ? — Le seigle est toujours mûr de dix à quinze jours avant le blé. Le grain s'égrenant moins facilement que ce dernier, il est bon, pour le moissonner, d'attendre qu'il ait atteint sa maturité complète. Le rendement est de douze à quatorze hectolitres par hectare. Il se bat à la même époque et de la même façon que le blé.

A quelle époque sème-t-on le seigle de mars ? — Le seigle de mars se sème au printemps : celui d'automne, semé au printemps, produit beaucoup moins que celui de mars, semé à l'automne.

Qu'est-ce que le méteil ? — On désigne sous le nom de *méteil* un mélange de seigle et de froment. Les deux céréales ne mûrissant pas en même temps, on peut, il est vrai, avoir une plus grande quantité de grains, mais assurément, on perd sous le rapport de la qualité de ces grains. Ce mélange se fait dans la proportion d'un tiers de blé et de deux tiers de seigle.

De l'Orge.

Qu'est-ce que l'orge ? — L'*orge*, qui est une céréale très importante, s'emploie, en farine mélangée à celle du froment ou du seigle, à la fabrication du pain : ce pain, qui est cependant très sain et très nutritif, est désagréable au goût et est un peu lourd.

Que fait-on de l'orge ? — Dans le nord de la France, on emploie beaucoup l'orge pour la fabrication de la bière. Dans le midi, son grain est souvent substitué à celui de l'avoine pour la nourriture des chevaux.

Combien y-a-t-il d'espèces d'orges ? — Il y a deux sortes principales d'orges : 1° les *orges de printemps ;* 2° les *orges d'hiver.*

Quelles sont les principales variétés d'orges de printemps ? — Les principales variétés d'orges de printemps sont : « 1° La *grande orge*, à deux rangs, répandue en Allemagne et dans l'est de la France ; 2° *l'orge couverte*, aussi à deux rangs, appelée, dans le Poitou, *baillard* ou *baillarge*. Dans le centre de la France, on emploie cette variété pour la fabrication de la bière ; 3° *l'orge céleste* ou *orge carrée*, à six rangs, considérée comme étant une des plus productives dans les bons terrains ; 4° *l'orge nue* à deux rangs ; » son grain est lourd ; sa farine est supérieure à celle de toutes les orges ; mais elle est peu cultivée, à cause du rendement, inférieur à celui des autres variétés.

Quelles sont les principales variétés d'orges d'hiver ? — Les principales variétés d'orges d'hiver sont : 1° *l'orge d'hiver*, appelée aussi *escourgeon* ou *sucrion ;* elle est très répandue en France et est la meilleure pour la fabrication de la bière ; 2° l'*orge carrée*, à six rangs, ainsi que la précédente.

Quel est le terrain qui convient le plus à l'orge ? — L'orge demande un terrain meuble, frais et surtout bien fumé ; mais elle préfère celui qui est calcaire à celui qui est sablonneux.

A quelle époque sème-t-on l'orge ? — Les orges d'hiver se sèment en septembre et celles de printemps, en mars. On met ordinairement de 200 à 250 litres de semence par hectare.

Est-il nécessaire de chauler l'orge avant de la semer ? — Il n'est pas nécessaire de chauler l'orge avant de la semer : cependant, pour prévenir le charbon, maladie à laquelle elle est sujette, cette précaution devient nécessaire, indispensable même.

L'orge peut-elle servir de nourriture aux bestiaux ? — Cultivée comme fourrage vert, l'orge peut fournir une excellente nourriture aux bestiaux, mais seulement vers la fin de l'automne.

N'emploie-t-on pas l'orge à faire des tisanes rafraîchissantes ? — A l'état d'infusion, l'orge fournit une tisane très rafraîchissante, très bonne pour les hommes et les animaux.

DIX-SEPTIÈME LEÇON

De l'Avoine.

Qu'est-ce que l'avoine ? — L'*avoine* est une céréale moins importante que les précédentes : sa farine, qui donne un pain lourd, noir, amer et d'une saveur désagréable, sert principalement à faire des bouillies recherchées par les agriculteurs des départements pauvres du centre de la France. Le *gruau* d'avoine est très utilisé comme étant un aliment sain et digestif.

Combien distingue-t-on de sortes d'avoines? — En ce moment, on distingue une vingtaine de variétés d'avoines, dont les principales sont : « 1° L'*avoine d'hiver*, grande et rustique, à balles rayées de gris-brun ; ses grains sont nombreux, pesants et de très bonne qualité ; 2° l'*avoine commune*, à grains allongés, lisses et de couleur variable, principalement cultivée dans la Dordogne ; 3° l'*avoine patate*, à grains courts, mais pesants et farineux, cultivée en Angleterre ; » 4° l'*avoine blanche* de *Hongrie ;* 5° l'*avoine noire* du même pays ; la première, à grains blancs ; la deuxième, à grains noirs. Cette dernière est extrêmement productive dans les bons terrains ; mais, dans les terrains pauvres, elle est inférieure à toutes les autres ; 5° la *civade*, ou petite avoine, cultivée dans quelques départements du centre de la France, se répand presque partout pour la nourriture des chevaux. Elle les rend particulièrement aptes à exciter leur force et leur vigueur ; mais cette variété est très peu productive.

Quels sont les terrains qui conviennent le plus à l'avoine ? — L'avoine s'accommode facilement de tous les terrains : cependant, ceux dans lesquels l'eau est en permanence paraissent lui disconvenir.

Les terrains destinés à recevoir l'avoine n'exigent-ils pas une grande préparation ? — Comme la plupart des autres céréales, l'avoine n'exige pas un terrain bien préparé ; elle a, d'ailleurs, l'inconvénient grave d'épuiser beaucoup le sol. Elle vient particulièrement après un trèfle rompu, après une plante sarclée et dans un terrain nouvellement défriché.

A quelle époque sème-t-on l'avoine d'hiver? — L'avoine d'hiver se sème sur la fin d'août, dans la proportion de 180 à 200 litres par hectare; mais on en met de 250 à 300 pour celle de printemps, qui se sème ou en mars, ou en avril, ou dans la première quinzaine de mai. Son rendement moyen est de 20 à 30 hectolitres à l'hectare.

L'avoine est-elle sujette à quelque maladie ? — L'avoine est sujette à une maladie semblable à la carie du blé : jusqu'ici, la cause de cette maladie est ignorée, et tous les efforts qu'on a faits pour la prévenir, ont été inutiles. Cependant, on a quelque raison de croire qu'elle est due aux influences de l'air.

Du Maïs.

Qu'est-ce que le maïs? — Le *maïs*, auquel on a donné sucessivement les noms de *blé* de *Turquie*, d'*Espagne* ou de *Guinée*, est une céréale, qui appartient à la famille des *graminées* par sa farine, et aux *plantes sarclées* par sa culture.

Où cultive-t-on le maïs? — Le maïs est cultivé en Périgord, dans quelques départements du centre, de l'ouest et du midi de la France, où il occupe une place importante dans la succession des récoltes.

Que fait-on de la farine de maïs? — La farine de maïs sert à la nourriture de l'homme. Les cultivateurs de la Dordogne en font une espèce de *mique* ou *millet*, ou *millassou*, ou de la *bouillie*, ou des *gâteaux* très sains et d'une digestion facile. Les convalescents se trouvent très bien de ce genre de nourriture.

Peut-on employer le maïs à la nourriture des animaux ? — En effet, on peut employer le maïs à la nourriture de certains animaux; cultivé comme fourrage, il rafraîchit les bêtes à cornes et les maintient fraîches et luisantes, au milieu des grandes chaleurs de l'été. Les spathes servent à la fabrication des *paillassons*, des chapeaux, des couches de lit et de certains papiers grossiers. Par une forte pression, les Américains en extraient une espèce d'huile grasse employée dans l'industrie. Son grain fermenté peut, au besoin, remplacer l'orge pour la fabrication de la bière; sa tige, d'après les essais que l'on a faits, contient une certaine quantité de sucre.

Y a-t-il plusieurs variétés de maïs? — On distingue les variétés à *grains roux* et les variétés à *grains blancs.*

Quelles sont les variétés à grains roux? — Les variétés à grains roux sont : 1° le *maïs d'août* ou *d'été*, qui mûrit dans le courant d'août; 2° le *maïs d'automne*, qui ne mûrit que dans le courant de septembre et d'octobre; 3° le *maïs quarantain*, ainsi appelé, à cause des quarante jours qu'il lui faut pour mûrir; 4° le *maïs nain*, cultivé principalement pour la volaille.

Les variétés à grains blancs sont-elles bien cultivées? — Les variétés à grains blancs ne sont guère cultivées dans notre pays : cependant le *maïs d'automne*, à grain blanc, paraît plus facilement s'accomoder des terrains humides que les variétés à grain coloré.

Quels sont les terrains les plus propices à la culture du maïs? — Les terrains argilo-sablonneux conviennent plus particulièrement à la culture du maïs; mais il faut qu'ils soient profondément labourés et fortement fumés, afin que les racines coronales puissent atteindre les engrais, à mesure qu'elles se développent. Le calcaire n'est pas indispensable à la réussite du maïs; mais sa présence n'est pas sans avoir une influence heureuse sur la qualité et sur la quantité de la récolte.

A quelle époque sème-t-on le maïs? — Le maïs se sème de la mi-avril à la mi-mai selon l'état du sol et de la température; mais surtout après que les froids ne sont plus à craindre et que la terre s'est réchauffée. Les semailles se font sous raie et en lignes espacées de 0^m68 à 0^m70 de distance. L'écartement de chaque pied, dans le rang, doit être de 0^m33. La quantité de grain à semer par hectare doit être de 40 à 50 litres; il se récolte à la fin de septembre ou au commencement d'octobre.

Que faut-il faire dès que la plante a mis quelques feuilles? — Biner dès que la plante a mis quelques feuilles, supprimer les pieds qui sont trop rapprochés, remplacer par le semis ceux qui manquent, biner de nouveau, butter une première fois superficiellement, puis une seconde fois plus profondément lorsque la plante a atteint de 0^m30 à 0^m33 centimètres, tels sont les soins d'entretien qu'il faut donner au maïs.

Qu'appelle-t-on écimage? — On appelle *écimage* l'opération qui consiste à retrancher les cimes du maïs. Cette opération doit se faire lorsque les filaments, qui s'échappent de l'épi, sont devenus noirs. L'écimage procure un fourrage vert de première qualité, d'autant plus précieux, qu'il est rare à ce moment de l'année.

Où place-t-on le maïs une fois récolté? — On place le maïs dans des greniers, en couches peu épaisses, que l'on doit remuer très-souvent.

Comment se fait l'égrenage? — L'*égrenage* se fait au fléau en raclant l'épi contre une lame en fer ou au moyen d'un instrument spécial appelé *égrenoir*.

Quel est le rendement du maïs? — Le rendement du maïs peut atteindre le chiffre de 60 à 70 hectol.

par hectare; mais c'est l'exception. Le rendement moyen est de 30 à 40 hectolitres.

Quelles sont les maladies qui attaquent le maïs? — Les maladies qui attaquent le maïs sont au nombre de deux, savoir : 1° le *charbon*, qui s'attache à l'épi au moment de sa formation et le rend difforme et noirâtre. On recommande le sulfatage du grain; mais jusqu'à présent, ce moyen a peu réussi; 2° le *verdet*, ainsi appelé à cause de sa couleur verte, attaque le grain récolté. C'est un amas de champignons microscopiques. Employer dans l'alimentation humaine, du maïs atteint de cette maladie, ce serait s'exposer à donner naissance à des affections souvent dangereuses.

DIX-HUITIÈME LEÇON

Du Sarrasin.

Qu'est-ce que le sarrasin? — Le *sarrazin*, plus connu sous le nom de *blé noir*, est une céréale très utile pour les pays pauvres; il appartient à la famille des *polygonées* : convertie en *bouillies*, en *galettes* et en *gâteaux*, sa farine est la principale nourriture des cultivateurs du centre de la France. Son grain, dans certains endroits, sert de nourriture à la volaille. Et, d'après Mathieu de Dombasle, il a une grande valeur pour l'engraissement des cochons. On le cultive encore pour le faire servir d'engrais en l'enterrant pendant sa floraison.

Combien distingue-t-on de sortes de blés noirs? — On distingue trois variétés de blés noirs, savoir : 1° le *blé noir ordinaire* , à grain gros et d'une couleur grise; 2° le *blé noir à grappes* , dont les grains, plus petits que ceux du sarrasin ordinaire, sont disposés en grappes sur la tige. Sa farine est plus blanche et meilleure que celle du précédent; 3° le *sarrasin de Tartarie,* à grain dur, à tige jaunâtre, ferme et ramifiée. On ne le cultive que dans quelques départements pauvres du centre de la France.

Quels sont les terrains qui conviennent plus particulièrement à la culture du sarrasin? — Le sarrasin réussit dans presque tous les terrains; mais il faut qu'ils soient bien ameublis et bien fumés.

A quelle époque sème-t-on le sarrasin? — Le sarrasin se sème ordinairement du 15 mai au 15 juin dans les pays froids, et du 15 juin au 15 juillet dans les pays chauds. On le met, le plus souvent, après la récolte du seigle ou de l'orge; il se sème très clair: 40 litres de semence suffisent par hectare. Le rendement du sarrasin varie, selon qu'il a été sarclé, entre 15 et 40 hectolitres. Sa récolte a lieu en septembre ou en octobre.

Cultive-t-on le blé noir dans la Dordogne? — Le sarrasin n'est guère cultivé que dans quelques contrées de l'arrondissement de Nontron. Les cultivateurs eux-mêmes ne savent pas l'utiliser comme dans les pays où il occupe une plus grande place dans la rotation, ou succession des récoltes. Employé comme nous l'avons dit, le sarrasin procure une nourriture très rafraîchissante.

Du Mil ou Millet.

Qu'est-ce que le mil ou millet? — Comme céréale, le *mil* ou *millet* occupe une place secondaire dans la culture : il est cultivé à peu près de la même manière que le blé noir. Cependant, la préparation du sol doit être sensiblement modifiée : le mil se plaît dans les terrains chauds, secs et légers, tandis que le blé noir croît sur tous les terrains pourvu, toutefois, qu'ils soient bien fumés et bien travaillés. Les climats sujets aux gelées, les terres fortes et humides ne sauraient convenir au millet. Dans l'arrondissement de Ribérac, il est employé dans l'alimentation des laboureurs; mais il sert principalement de nourriture aux oiseaux.

CHAPITRE CINQUIEME

DIX-NEUVIÈME LEÇON

Des Plantes farineuses.

Qu'est-ce qu'on entend par plantes farineuses? — Les *plantes farineuses* sont celles dont le grain donne une farine pouvant remplacer celle des céréales : elles sont employées, avec succès, dans la fabrication du pain.

Quelles sont les principales plantes farineuses? — Les principales plantes farineuses sont : 1° les *haricots* ; 2° les *fèves ;* 3° les *lentilles;* 4° les *pois* ; 5° enfin, le *riz*, peu cultivé dans notre pays.

Des Haricots.

Comment cultive-t-on les haricots? — On cultive les haricots, de la famille des *légumineuses*, pour être mangés en vert avec la cosse, ou à l'état sec sans la cosse. « Dans le premier cas, on les appelle *haricots* *verts* ; dans le second cas, *haricots secs*. Ce n'est guère que dans les jardins potagers que l'on cultive les haricots verts ; dans la grande culture, on s'occupe plus spécialement des haricots secs. »

Comment divise-t-on les haricots? — On divise les haricots en *haricots ramés*, dont la tige s'élève, grimpe et a besoin d'un tuteur; en *haricots nains*, dont la tige ne s'élève pas et n'a besoin d'aucun appui. Ces derniers sont les plus cultivés dans les jardins potagers.

Combien distingue-t-on d'espèces de haricots à rames ? — Parmi les haricots à rames, on distingue : 1° le *haricot de Soissons*, dont la graine est blanche et plate ; il est très productif et très cultivé dans le nord de la France ; sa fleur est blanche et sa gousse très-longue. Une funeste habitude, dans la Dordogne, consiste à semer cette variété en même temps que le maïs, qui lui sert de tuteur ; 2° le *haricot sabre* ou *sobre*, à graine plate, blanche, de moyenne grandeur, à gousse très allongée et recourbée; sa tige s'élève beaucoup : il lui faut une grande rame; il est plus hâtif que le précédent ; 3° *le haricot prédame* ou *mange-tout*, connu dans la Dordogne sous le nom de « *haricot à la coque*, à grain rond, blanc, ou tacheté de rouge, à gousse courte, lisse et sans filaments »

Combien distingue-t-on d'espèces de haricots nains ? — Parmi les haricots nains, on distingue : « 1° Le *haricot nain de Soissons*, à grain blanc et plat, semblable à celui de Soissons, à fleur blanche et à gousse de moyenne grandeur ; il est hâtif et productif; 2° le *haricot nain* blanc, à grain blanc, petit et aplati ; 3° le *haricot solitaire*, à graine blanche, allongée, un peu cylindrique. » Cette variété est la plus estimée ; 4° le *haricot nain blanc d'Amérique*, à grain blanc, petit, un peu allongé.

Quel est le terrain qui convient le plus aux haricots ? — Les haricots aiment particulièrement un terrain frais, bien ameubli et bien fumé. On les sème de mai à la fin juin.

A quelle distance faut-il planter les haricots nains ? — Les haricots nains se placent à raies espacées de 0m,3 à 0m,4 décimètres, et les grains sont placés dans le sillon par groupe de deux ou trois, à quinze ou vingt centimètres de distance. Une fois que la plante est sortie de terre, on sarcle et on butte la terre.

De quelle graine faut-il se servir ? — Il faut se servir de la graine provenant de la dernière récolte, car le haricot perd facilement la qualité de germer. En se servant d'une graine plus ancienne, on s'exposerait à recommencer l'opération. Ce qui arrive souvent par le peu de soin qu'on apporte dans le choix de la graine.

De la Fève.

Qu'est-ce que la fève ? « — La *fève* est une plante potagère et annuelle de la famille des *légumineuses*, que l'on cultive dans les jardins et dans les champs, pour sa graine, qui sert de nourriture aux hommes et aux animaux. Cette graine est ordinairement blanche, quelquefois d'un gris-cendré ; elle est toujours marquée d'une cicatrice à l'une de ses extrémités. »

Comment cultive-t-on la fève ? — La variété appelée *féverolle* est cultivée pour la nourriture des chevaux ; la *violette*, à longue gousse, est préférable. Un vétérinaire distingué, M. Paquer, de Nantes, prétend que, pour donner de la force aux jeunes chevaux qui ont la poitrine faible et délicate, on ne peut rien employer de meilleur qu'un pain, composé en parties égales de farines de fèves et d'orge.

A quelle époque convient-il d'ensemencer les fèves? — Pendant l'hiver et aussitôt que les pluies ont cessé de tomber, c'est-à-dire vers la fin de février ou au commencement de mars, il est nécessaire d'ensemencer les fèves ; elles aiment de préférence les terres fortes, les marais ou les prairies nouvellement défrichées.

Comment cultive-t-on la fève ? — La fève se cultive seule ou avec le blé : cultivée seule, elle doit être traitée comme le haricot; cultivée avec le blé, elle est semée en même temps que cette céréale et profite des soins que cette dernière reçoit.

Cultive-t-on beaucoup les fèves dans la Dordogne ? — La fève est généralement bien cultivée dans la Dordogne : semée en même temps que le blé, elle lui sert de tuteur vers la fin de mai et jusqu'à sa complète maturité. Elle est avantageusement employée dans la fabrication du pain : mêlée en trop grande quantité avec la farine de blé, elle rendrait le pain fait avec celle-ci, trop lourd et trop indigeste ; mais, prise en quantité convenable, la fève ne peut ni nuire, ni incommoder.

VINGTIÈME LEÇON

De la Lentille.

Qu'est-ce que la lentille ? — La *lentille* entre

pour une part relativement importante, dans l'alimentation humaine : elle appartient aux *légumineuses* et sert de plante alimentaire et de plante fourragère.

Quelles sont les variétés les plus cultivées ? — Les variétés les plus cultivées sont : 1° la *grande lentille*, dont le grain est comprimé et de couleur blonde ; 2° la *petite lentille*, dont le grain est plus arrondi que le précédent.

Quels sont les terrains qui conviennent le mieux à la lentille ? La lentille s'accommode de tous les terrains : cependant, elle préfère ceux qui sont légers et secs; ceux qui seraient humides lui seraient nuisibles.

A quelle époque sème-t-on la lentille ? — « La lentille se sème dans la dernière quinzaine d'avril, après une céréale et sur un terrain bien préparé »

Comment sème-t-on la lentille ? — Pour être mangée, la lentille se sème en ligne ; comme fourrage vert, elle se sème à la volée. La semence se recouvre avec le râteau ou avec la herse. Les soins que réclame la lentille consistent en sarclages et en binages, faits à propos.

Que faut-il faire pour conserver la lentille d'hiver? — Pour conserver la graine de lentille d'hiver, il faut la trier soigneusement en l'éprouvant dans l'eau froide aussitôt qu'elle a été battue. Les grains qui surnagent sont expulsés et on ne conserve que ceux qui restent au fond ; on les fait ensuite sécher au soleil en ayant soin de les remuer souvent, car, sans cela, ils donneraient naissance à des insectes destructeurs, qui mangeraient la partie farineuse.

Des Pois.

Pourquoi cultive-t-on les pois ? — « Les pois, qui sont de la famille des *légumineuses*, sont cultivés pour être mangés ou en vert, ou à l'état sec, ou pour servir de plante fourragère. On les divise en *pois à rames* et en *pois nains* ou sans rames. »

Quelles sont les variétés à rames ? — « Les principales variétés à rames, sont : 1° le *pois vert*, rustique et cultivé dans les terrains sablonneux; 2° le *pois michaux*, le plus précoce de tous ; 3° le *pois gourmand*, ou *mange-tout*, mangé en vert avec la cosse ; 4° le *pois gris* le plus estimé pour la culture fourragère. »

Quelles sont les variétés de pois nains ? — Les principales variétés de pois nains, sont : 1° le *pois nain hâtif*, très estimé ; 2° le *pois nain de Hollande* ; 3° le *pois nain vert*, très bon, le plus productif de tous.

Quels sont les terrains qui conviennent le plus à la culture des pois ? — Les pois viennent dans tous les terrains ; mais il est nécessaire que ces derniers soient bien ameublis et bien fumés. On peut les ensemencer après une ceréale.

A quelle époque sème-t-on les pois ? Les pois se sèment dans le courant de mars, à la volée, à raison de deux hectolitres par hectare. On les recouvre par un léger coup de charrue. On a soin de diviser le terrain en planches de six raies chacune, tout en pénétrant plus profondément dans le terrain quand on arrive à la septième raie. On peut donner aux pois de légers binages.

Que doit-on faire pour convertir les pois en fourrages secs ? — « Pour convertir les pois en fourrages secs, on se règle d'après la maturité des gousses inférieures, et on n'attend pas que les fleurs du sommet soient nouées parce qu'elles sont encore vertes lorsque les premières sont déjà mûres. Il est bon ensuite de les retourner plusieurs fois dans la journée pour les faire convenablement sécher. »

Du Riz.

Qu'est-ce que le riz ? — Le *riz* est une plante annuelle de la famille des *graminées* : elle entre, dans une grande proportion dans la nourriture des peuples de l'Asie, de l'Afrique et de l'Amérique. De nos jours, le riz est cultivé même avec succès, dans quelques provinces du midi de la France.

Combien distingue-t-on de sortes de riz ? — On distingue deux principales sortes de riz, savoir : Le *riz aquatique* se cultivant par irrigation ; 2° le *riz sec*, qui ne demande qu'une seule irrigation et qui se cultive ensuite comme les autres céréales. »

CHAPITRE SIXIÈME

VINGT-ET-UNIÈME LEÇON

Des Plantes-racines ou Plantes sarclées.

Qu'appelle-t-on plantes-racines ou plantes sarclées ? — « On désigne, sous le nom de *plantes-racines* ou *plantes sarclées*, celles dont les racines, ou les tubercules, forment le principal produit. » On les appelle encore *plantes sarclées*, à cause des nombreux sarclages et binages qu'on leur donne.

La culture des plantes sarclées présente-

t elle des avantages nombreux et importants ? — Il est incontestable qu'au point de vue de l'ameublissement du sol et de sa préparation, il n'est pas de récoltes qui leur soient comparables : elles permettent mieux que les autres de donner à la terre un grand nombre de façons ; elles n'occupent le sol que pendant la belle saison; ce qui permet de lui donner des labours, des hersages nombreux et de le préparer à recevoir toutes les influences ameublissantes et fertilisantes des froids, des gelées et des neiges.

Que faut-il faire pour que les plantes sarclées réussissent convenablement ? — Pour que les plantes sarclées réussissent convenablement, il est nécessaire que, pendant tout le cours de leur végétation, le terrain soit constamment sarclé et biné.

Quelles sont les principales plantes sarclées ? — Les principales plantes sarclées sont : 1° la *pomme de terre;* 2° la *betterave;* 3° le *topinambour;* 4° la *carotte;* 5° le *chou rutabaga;* 6° le *navet;* 7° la *rave.*

De la Pomme de terre.

Qu'est-ce que la pomme de terre ? — La *pomme de terre,* originaire d'Amérique, appartient à la famille des *solanées.* C'est la plante la plus généralement cultivée. Son importance, au point de vue de l'alimentation de l'homme et de celle des animaux, est assez notoire pour qu'il n'y ait pas lieu ici de la faire ressortir.

Connaît-on la pomme de terre depuis longtemps ? — Connue dans notre pays depuis le XVIe siècle, la pomme de terre a été longtemps cultivée comme plante d'agrément : ce n'est que vers la fin de 1790 qu'elle a pris rang dans la grande culture française. Et que de difficultés, que d'obstacles n'a-t-il pas fallu vaincre pour amener les agriculteurs de l'époque, que les préjugés aveuglaient, à cultiver la pomme de terre !

Comment divise-t-on les pommes de terre ? — Les pommes de terre, dont les principales variétés qu'on a obtenues par les semis de la graine, sont divisées en : 1° *pommes de terre hâtives* ; 2° *pommes de terre tardives*.

Quelles sont les variétés hâtives ? — Les variétés hâtives sont : 1° la *jaune ronde*, légèrement aplatie ; 2° la *violette* ou *vitelotte* ayant des tubercules allongés, cylindriques et offrant des yeux nombreux et apparents, enchâssés dans une cavité profonde ; 3° la *petite jaune longue*, très recherchée pour la cuisine.

Quelles sont les variétés tardives ? — Les variétés tardives sont : 1° la *patraque jaune* ayant des tubercules légèrement arrondis ; 2° la *rouge longue*, prenant moins de grosseur que la précédente, mais se pourrissant moins facilement ; 3° la *blanche commune*, regardée comme une des plus productives. Cette variété, appelée aussi *parmentière*, du nom de cet illustre philanthrope, Parmentier, qui a si puissamment contribué à sa vulgarisation, est cultivée de préférence dans la Dordogne ; mais elle n'est pas aussi bonne que les précédentes pour la nourriture de l'homme. Elle est aqueuse et prend facilement un goût terreux, qui lui donne une mauvaise qualité. Les animaux, qui mangent les autres variétés, la refusent souvent.

Quels sont les terrains qui conviennent le plus aux pommes de terre ? — Les terrains qui conviennent le plus aux pommes de terre sont les terrains sablonneux et calcaires, de consistance et d'humidité moyennes ; mais ceux qui seraient argileux et humides par excès seraient impropres à la culture de ces solanées.

A quelle époque plante-t-on les pommes de

terre ? — Les pommes de terre se plantent du mois de février au mois de juin. On les propage au moyen de graines, de drageons, de rejets, de pelures; mais le plus communément à l'aide de fragments de diverses grosseurs ayant au moins un seul bourgeon bien apparent.

Comment fait-on la plantation des pommes de terre ? — La plantation des pommes de terre se fait aussitôt après que les gelées ne sont plus à craindre : on trace les raies à la charrue. Le tubercule, ou fragment de tubercule, ne doit pas être déposé au fond de la raie, dans la crainte de le voir écrasé ou déplacé par les animaux, mais bien sur le revers de la bande renversée. Les lignes doivent être espacées de 60 à 70 centimètres. La distance entre les lignes doit être de 0m33 centimetres environ. La quantité de semence par hectare varie de 15 a 25 hectolitres.

Quels sont les fumiers qui conviennent le mieux aux pommes de terre ? — Les pommes de terre doivent être bien fumées : les fumiers d'étable, frais et pailleux, excepté dans les sols légers où ils doivent être mis décomposés, sont ceux qui conviennent le mieux a la culture des pommes de terre.

Quels sont les soins d'entretien à donner aux pommes de terre ? — Herser les pommes de terre à leur sortie de terre, tenir cette dernière bien nette et bien ameublie par des binages faits, soit à la main, soit à la houe à cheval, donner un buttage au moment de la floraison, tels sont les soins d'entretien à donner aux pommes de terre.

A quelle époque récolte-t-on les pommes de terre ? — La récolte des pommes de terre se fait dans le courant d'août et de septembre : on reconnaît lorsqu'elles sont mûres, à la flétrissure et à la dessiccation des tiges. L'arrachage s'exécute, soit à la main, soit avec le *buttoir*, soit avec la charrue. Tout en étant plus expéditif, ce dernier mode est le plus imparfait parce qu'il laisse, dans la terre, un plus grand nombre de tubercules.

Comment conserve-t-on les pommes de terre ? — Les pommes de terre se conservent dans les celliers, les caves ou tout autre lieu, à l'abri du froid et de l'humidité. On les met aussi dans des *silos temporaires*.

Qu'appelle-t-on silos ? — On donne le nom de *silos* à des fosses de 0m 30 à 0m 40 centimètres de profondeur et de 1m 50 de largeur, creusées dans un terrain sain et élevé.

Comment place-t-on les pommes de terre dans les silos ? — On place les tubercules dans la fosse jusqu'à la hauteur de 0m80 centimètres, de manière à donner au tas la forme d'un dos d'âne : on les couvre ensuite de 0m08 à 0m10 centimètres de paille et on met par dessus la terre sortie du silo, en ayant soin de pratiquer tout autour une petite rigole pour faciliter l'écoulement des eaux.

La pomme de terre est-elle sujette à quelque maladie ? — Depuis quelques années, la pomme de terre est atteinte d'une maladie, appelée *oïdium*, dont on ignore encore la cause. Les cultivateurs, profondément découragés, ne savent à quel moyen avoir recours pour la détruire. Voici, d'après un agriculteur distingué, les remèdes essayés jusqu'à ce jour : « 1° On a remarqué, que, dans le voisinage de la mer, la maladie a eu moins de gravité qu'ailleurs; alors on a joint aux engrais une certaine quantité de sel et de cendre (environ 30 kilogrammes par hectare). Dans plusieurs localités, le nombre des tubercules malades a considérablement diminué ; 2° on a recommandé l'emploi de la chaux après avoir trempé les pommes de terre pour semis dans une forte lessive. Ce procédé a également donné, le plus ordinairement, de bons résultats ; 3° il paraît certain que la maladie attaque d'abord les tiges et descend ensuite aux racines ; on a conseillé alors d'arracher immédiatement toutes les pommes de terre dont les tiges paraissent affectées ; par ce moyen, on en a préservé une immense quantité ; 4° enfin, on croit pouvoir affirmer que cette maladie ne se développant que dans le courant de juillet, on pourrait l'éviter en semant les pommes de terre au mois de septembre et en les laissant ainsi passer l'hiver en terre. Ce moyen permet d'obtenir une récolte dès le mois de juin.

Nous engageons les agriculteurs à se livrer eux-mêmes à ces divers essais. »

VINGT-DEUXIÈME LEÇON

De la Betterave.

Qu'est-ce que la betterave ? — La betterave, de la famille des *salsolacées*, est une plante pivotante, cultivée pour sa racine, qui est à la fois alimentaire et saccharine. On la croit originaire des contrées méridionales de l'Europe. Suivant le célèbre agronome Thaër, elle ne serait simplement que la bette vulgaire, dont la racine aurait été grossie par la culture et les semis. Mangée soit en salade, soit cuite au four, la betterave sert à la nourriture de l'homme ; dans le nord de la France, elle est beaucoup employée à la fabrication du sucre et à l'alimentation des bestiaux. Dans la Dordogne et dans le midi de la France, elle sert à l'engraissement des bœufs.

Quelles sont les principales variétés de betteraves ? — On cultive environ douze variétés de betteraves, dont les principales sont : 1° la *betterave champêtre rouge*, dite de *disette*, donnant une racine cylindrique, volumineuse, à chair blanche, veinée de rose, la plus répandue pour la nourriture des bestiaux. Celle qui croît presque hors de terre est préférable, à cause de la facilité de sa récolte ; 2° la *jaune longue ordinaire*, aussi très estimée pour la nourriture des bestiaux ; 3° la *blanche de Silésie*, de forme conique, mais moins grosse que la précédente et croissant presque entièrement sous terre. Elle est un peu allongée ; sa peau et sa chair sont blanches. Elle est presque seule employée pour la fabrication du sucre. On en fait aussi de l'eau-de-vie.

Quels sont les terrains qui conviennent le plus à la culture de la betterave ? — La betterave s'accommode de presque tous les terrains : cependant, elle préfère ceux qui sont profonds, meubles et substantiels.

N'y a-t-il pas une espèce de betterave qui réussit mieux transplantée que semée ? — En effet, une espèce de betterave, appelée *betterave-disette*, réussit mieux transplantée que semée à la volée et à place. Des expériences, plusieurs fois réitérées, en ont prouvé toute l'efficacité. Pour les semis, il est bon de choisir un terrain riche en sucs nutritifs, et de semer plutôt en rayons qu'à la volée, parcequ'il est nécessaire de sarcler les semis pendant la jeunesse de la plante. Les limaces sont très friandes du jeune plant de betterave : elles n'en laisseraient pas, si l'on n'avait le soin de les détruire.

A quelle époque sème-t-on la graine de betterave ? — On sème la graine de betterave du mois d'avril à la fin de mai, et plus tôt si les gelées de l'hiver ne sont plus à craindre. C'est dans le courant de juin que la transplantation a lieu. Des sarclages et des binages, souvent répétés, sont indispensables à la réussite de la betterave.

Comment sème-t-on la betterave? — La betterave se sème en place ou se transplante : par une année de sécheresse, les semis donnent de meilleurs résultats que la transplantation qui, à son tour, réussit mieux par une année d'humidité.

Comment se font les semis sur place? — Les semis sur place se font en lignes espacées de $0^m,65$. La distance entre chaque graine doit être de $0^m,40$. Chaque graine contenant plusieurs germes, donne naissance à autant de plants. Aussitôt que la grosseur des betteraves le permet, on doit les éclaircir de manière à ne laisser qu'un seul plant par $0^m,40$.

Comment se fait la transplantation de la betterave? — La betterave qui doit être transplantée, se sème en pépinières, aussitôt que les gelées ne sont plus à redouter : on établit les pépinières sur un terrain riche, substantiel et surtout préparé de longue main. Dix ares de pépinières sont suffisants pour la transplantation d'un hectare. On coupe l'extrémité des racines de chaque plant et on rogne les grandes feuilles à $0^m,06$ ou $0^m,08$ centimètres du collet. L'espacement des plants est le même que celui indiqué pour les semis. Le rendement en betteraves, par hectare, est de 25 à 30,000 kilogrammes.

Faut-il émonder les betteraves? — On ne doit pas imiter certains cultivateurs qui émondent leurs betteraves au fur et à mesure qu'elles se développent, et en donnent les feuilles à leurs bestiaux pendant l'été. C'est ce qu'on pourrait appeler : *faire manger son blé en herbe*; mais on peut, sans inconvénient, ramasser les feuilles qui jaunissent ou qui se trouvent détachées ou rompues par le vent. Les betteraves puisent dans l'air une substance qui contribue à leur accroissement presque autant que les sucs qu'elles trouvent dans le sein de la terre : si on les prive de leurs feuilles, il en résulte nécessairement une perte réelle pour la plante.

A quelle époque récolte-t-on les betteraves? — Les betteraves et surtout les betteraves-disettes, doivent se récolter vers la fin d'octobre ou au commencement de novembre, afin de les soustraire aux gelées, qui leur font beaucoup de tort, et les font pourrir.

Que faut-il faire pour l'arrachage des betteraves ? — Pour arracher les betteraves il est nécessaire de les soulever doucement et d'enlever la terre, qui se trouve autour de la plante; sans cette précaution, cette dernière se romprait facilement. Il est important aussi de choisir un beau jour pour faire ce travail, afin que les betteraves puissent sécher à l'air avant d'être mises en monceaux. Après avoir coupé toutes les feuilles, on doit les placer dans un lieu sec, à l'abri des gelées, en les posant l'une dans un sens, l'autre dans un sens opposé, comme on fait ordinairement des bouteilles, pour qu'elles prennent moins de place.

Une fois arrachées, où place-t-on les betteraves ? — Une fois arrachées, les betteraves se placent dans le cellier, dans la cave ou dans les silos. Ces derniers, dont nous avons déjà parlé, offrent un moyen de préservation très recommandé pour les betteraves qui, ainsi placées, ne sont jamais attaquées ni par les animaux rongeurs, ni par les grands froids de l'hiver.

VINGT-TROISIÈME LEÇON

Du Topinambour.

Qu'est-ce que le topinambour? — Le *topinambour* est un tubercule dont la forme est ronde et allongée. Cultivé dans presque tous les sols, il y réussit assez bien pourvu, toutefois, qu'ils ne soient point marécageux. Le tubercule du topinambour, branchu et irrégulier, fournit, pour l'alimentation humaine, un mets délicat, et pour la nourriture des bestiaux, une ressource précieuse, depuis surtout que la pomme de terre est devenue rare.

Quel avantage retire-t-on du topinambour ? — Très vivace par sa nature, le topinambour se reproduit de lui-même, pendant plusieurs années, au moyen de racines qui, en restant dans le sol, se propagent rapidement, même après l'arrachage. On l'emploie dans la fabrication de certains alcools.

Comment plante-t-on le topinambour ? — Le topinambour se plante de la même manière que les pommes de terres. Ne craignant pas les gelées, la plantation du topinambour peut se faire dès le commencement du mois de février. De 20 à 25 hectolitres suffisent par hectare. La quantité des produits du topinambour varie en raison des terrains et des soins qu'on lui a donnés; mais on estime que ces produits peuvent être comparés à ceux de la pomme de terre blanche.

Quels sont les travaux d'entretien du topinambour ? — Le topinambour, comme la plupart des autres plantes sarclées, ne réclame point de grands soins d'entretien : cependant, pour le débarasser des herbes parasites, il est bon de lui donner, en temps convenable, quelques binages et quelques hersages. On peut le butter aussi dès que les plantes commencent à ombrager le sol et avoir besoin d'être fortifiées.

De la Carotte.

Qu'est-ce que la carotte ? — La carotte, de la famille des *ombellifères*, est une plante qui peut être considérée comme plante potagère et comme plante sarclée: elle est d'une grande utilité pour la nourriture de l'homme et des animaux. Bien qu'elle ne soit pas difficile sur la nature du terrain, un sol sablonneux et profond est celui dont elle paraît le mieux s'accommoder. Sa culture prend rang, dans l'assolement, entre deux ensemencements de céréales. Elle demande, pour la préparation et la distribution des engrais, les mêmes soins que les autres plantes sarclées.

Quelles sont les varietés de carottes lès plus estimées ? — Les variétés de carottes les plus estimées sont : 1° la *rouge longue* ; 2° la *blanche longue*, encore peu connue, et, par conséquent, peu cultivée ; 3° la *rouge longue à collet vert*, recherchée pour les bestiaux, 4° la *carotte courte*, la plus précoce de toutes, cultivée dans les jardins pour la cuisine.

Comment et à quelle époque sème-t-on la carotte ? — La carotte se sème ordinairement à la volée et dans le courant de mars ou d'avril, selon que la température est plus douce. La quantité de graine nécessaire pour un hectare est de 4 à 5 kilogrammes. Il convient d'éclaircir le plant toutes les fois que les carottes sont trop rapprochées les unes des autres, ce qui, évidemment, les empêcherait de grossir.

A quelle époque arrache-t-on les carottes ? — On arrache ordinairement les carottes vers la fin d'octobre. On les conserve, pour l'hiver, dans les silos préparés comme pour les betteraves. Les carottes ne portent de graines que la seconde année. Pour la reproduction, on choisit les plus belles et les plus saines; on les plante dans une bonne terre, au mois d'avril qui suit la récolte des racines. La graine de deux ans est généralement plus appréciée que celle de l'année. Quelques expériences font supposer que les carottes ont alors moins de dispositions à *monter*.

VINGT-QUATRIÈME LEÇON

Du Chou rutabaga. Du Navet. De la Rave.

Qu'est-ce que le chou rutabaga ? — Le *chou rutabaga* ou *navet de Suède*, appartient à la famille des *crucifères* et au genre chou. Il aime un terrain profond, frais, et de consistance moyenne.

Quel est le terrain qui convient le mieux à la culture du rutabaga ? — Les terrains d'alluvion sont ceux sur lesquels le rutabaga réussit le mieux, surtout à cause de la qualité du sol et du voisinage des rivières. Cette situation donne à l'air une certaine humidité, qui lui est particulièrement favorable.

A quoi emploie-t-on le rutabaga ? — Le rutabaga est employé à la nourriture de l'homme et à celle des animaux. Il ne redoute point trop les gelées, et, au besoin, il peut passer l'hiver en terre. On le sème ordinairement en avril pour être ensuite transplanté en mai ou en juin. Pour le faire réussir convenablement, il faut le semer épais, de manière que les lignes soient bien garnies. On a toujours le temps de l'éclaircir. Ses feuilles sont d'une grande utilité pour la nourriture des bestiaux. Coupé en petits morceaux, le rutabaga est mangé avec avidité par les vaches et les bœufs.

Qu'est-ce que le navet ? — Le *navet* est une plante fourragère et potagère se cultivant, en récolte dérobée, après l'orge et le seigle. Les bestiaux le mangent avec avidité. Il entre aussi dans l'alimentation de l'homme.

Combien distingue-t-on de variétés de navets ? — On distingue dix-sept variétés de navets, dont les principales sont : 1° le *navet rond*, blanc ; 2° le *navet demi-rond*, blanc, hâtif et très productif ; 3° le *navet de claire-fontaine*, très long, et sortant presque de terre.

Quels sont les terrains qui conviennent le mieux aux navets ? — Les navets demandent un terrain profond, frais et bien travaillé. Un climat humide et brumeux paraît leur convenir plus particulièrement : aussi, les habitants du nord, qui les cultivent comme plante sarclée, leur font occuper une grande place dans leur culture générale.

Qu'est-ce que la rave ? — La *rave*, appelée *turneps* par les Anglais, est beaucoup cultivée dans les départements du centre de la France et dans les montagnes des Cévennes : l'homme s'en nourrit, et les bestiaux la mangent avec avidité ; elle augmente le lait des vaches et fait produire d'abondants fumiers.

Quelle est la variété la plus estimée ? — La variété la plus estimée s'appelle *globe-blanc* : semée dans un sol sablonneux, elle réussit mieux que dans les autres natures de terrains. Elle n'est cultivée qu'en recolte dérobée, après l'orge et le seigle.

Quelle est le rendement de la rave ? — La rave peut atteindre un rendement, par hectare, de 40 à 50000 kilogrammes de racines et de 4 à 5000 kilogrammes de fanes.

Comment utilise-t-on les raves, les navets et les rutabagas ? — Coupés en petits morceaux, les raves, les navets et les rutabagas sont mangés avec avidité par les bœufs et les vaches. Les cultivateurs, dans la Dordogne, en comprennent toute l'utilité pour l'engraissement de leurs bestiaux, car, depuis peu de temps, ils cultivent plus en grand ces diverses plantes, qui deviennent, pour l'agriculture, de précieuses ressources.

CHAPITRE SEPTIÈME

VINGT-CINQUIÈME LEÇON

Des Plantes fourragères.

Qu'est-ce qu'on entend par plantes fourragères ? — On entend par *plantes fourragères* des plantes qui, cultivées comme fourrages, sont données en nourriture aux bestiaux.

Quelles sont les principales plantes cultivées comme plantes fourragères ? — Les principales plantes cultivées comme plantes fourragères sont : 1° le *trèfle* ; 2° la *luzerne* ; 3° le *sainfoin* ; 4° le *ray-grass* ; 5° la *gesse* ; 6° la *jarosse* ; 7° la *vesce* ; 8° la *spergule* ; 9° la *lupuline*. Ces plantes sont de la famille des *légumineuses*, à l'exception du ray-grass, qui appartient aux *graminées*, et de la spergule, qui est des *caryophyllées*.

En agriculture, les plantes fourragères

sont-elles nécessaires ? — « Sans bétail, pas de fumiers, ni de labours ; sans fumiers, ni labours, pas de récoltes. » Il est donc de la plus grande importance d'entretenir le plus de bétail possible comme les pâturages, les prairies artificielles et les prairies naturelles en donnent le moyen. On peut donc dire, avec raison, que là est le principe, le fondement de toute agriculture.

Qu'est ce qu'une prairie artificielle ? — On appelle *prairie artificielle* le terrain sur lequel on sème une seule graine fourragère et de laquelle on ne retire de produit que pendant un temps déterminé.

Comment sème-t-on les plantes fourragères ? — Certaines de ces plantes se sèment seules ; la plupart se sèment, au contraire, soit en même temps qu'une récolte de printemps ou d'été, comme l'avoine, le sarrasin, etc., soit sur les blés d'hiver au moment où commence leur végétation printanière.

Du Trèfle et du Trèfle commun.

Qu'est-ce que le trèfle ? — Le *trèfle* est la plante fourragère la plus importante de toutes ; on en distingue trois variétés, savoir : 1° le *trèfle commun* ; 2° le *trèfle incarnat* ou *farouch* ; 3° le *trèfle blanc*.

Qu'est-ce que le trèfle commun ? — Le *trèfle commun* est, de toutes les plantes fourragères, celle dont la culture entre dans le système de l'assolement alterne. Il n'y a pas encore beaucoup d'années que, dans plusieurs contrées de la France, on a commencé à cultiver en grand le trèfle commun, et l'on peut dire que c'est un des plus grands progrès qu'ait faits l'agriculture. Dans la Dordogne, le maréchal Bugeaud, une des gloires de la France, a fait faire un grand pas à cette importante culture du trèfle : aussi, de nos jours, cette plante fourragère a pris une extension considérable dans tout le Périgord. Dans peu de temps, elle sera répandue partout.

Le trèfle commun vient-il sur toutes les terres ? — Le trèfle commun vient, en effet, sur presque toutes les terres : cependant, celles qui contiennent beaucoup de sucs nourriciers paraissent lui convenir plus spécialement. Il n'y a guère que les terrains argilo-calcaires qui possèdent ces qualités.

A quelle époque sème-t-on le trèfle commun ? — On sème ordinairement le trèfle commun au printemps ou à l'automne, et dans la proportion de 18 à 20 kilogrammes par hectare ; mais la première saison est préférable parce que, dès l'automne suivant, on peut obtenir une coupe, bien qu'elle ne soit pas très considérable ; et puis, on peut semer, avec cette plante, quelques céréales, telles que l'orge, le sarrasin ou l'avoine. Les cultivateurs ont là un avantage immense.

Semés ensemble, le trèfle et les céréales ne se nuisent-ils pas ? — Semés ensemble, le trèfle et les céréales se prêtent un mutuel appui et ne se nuisent pas, parce que l'un, qui a sa racine pivotante, va chercher sa substance à une bien plus grande profondeur que les autres, qui ne se nourrissent que des sucs contenus à la surface de la terre.

Le trèfle se plaît-il à l'ombre ? — Le trèfle se plaît à l'ombre, et les céréales le protègent contre les ardeurs du soleil, tandis que lui-même conserve, au pied de ces céréales, une fraîcheur, qui rend leur végétation plus active et plus belle.

Considéré comme fourrage, le trèfle commun donne-t-il aux bestiaux une nourriture saine et abondante ? — Considéré comme fourrage, le trèfle commun procure aux bestiaux une nourriture des plus saines et des plus abondantes. Il est fané et préparé comme le foin ; mais il faut le mélanger avec ce dernier pour rassasier les animaux, qui le mangeraient avec une trop grande avidité.

Quels sont les soins d'entretien que réclame le trèfle ? — Les soins d'entretien que réclame le trèfle consistent à le fumer dans les terrains qui ne l'ont pas été, et à le plâtrer, dans ceux où le plâtre peut réussir.

Quels sont les engrais utilement employés sur le trèfle ? — Les engrais qui conviennent le plus au trèfle sont : le fumier d'étable, les cendres, les composts de chaux bien mûrs ; employé frais, le fumier agit plus vigoureusement sur les trèfles semés dans des terrains souffrant des grands froids de l'hiver ; décomposé, il convient de l'appliquer, au printemps, aux autres terrains. Les cendres vives ou lessivées produisent d'excellents résultats sur les trèfles des terrains non calcaires. Le plâtre est répandu sur les tréflières le matin de bonne heure, avant le lever du soleil.

Combien de fois doit-on couper le trèfle? — L'usage, suivi presque partout, est de couper le trèfle pendant trois années ; mais ce mode paraît désavantageux pour le cultivateur, ainsi que nous allons le démontrer : le trèfle augmente la première année, se soutient la seconde, et, dès le commencement de la troisième, va en dépérissant.

Qu'en résulte-t-il ? — Il en résulte qu'à cette époque, la quantité d'herbe surpasse quelquefois celle du trèfle, de sorte que la qualité de la nourriture qu'on donne aux bestiaux n'est plus la même. Sous ce rapport, il y a donc désavantage ; et puis, en considérant le trèfle comme engrais, ce qu'on peut faire en l'enfouissant comme le sarrasin pendant qu'il est encore vert, il perd beaucoup de son action. La quantité n'est plus la même.

Que faut-il faire pour avoir des coupes abondantes de trèfle la seconde année? — Les premiers produits du trèfle arrivent un an après son ensemencement. Il peut produire deux coupes et un pâturage ; mais si l'on veut que le trèfle donne des coupes abondantes, dès la seconde année, il faut avoir la précaution de ne pas le laisser paître par les bestiaux après la première coupe, et surtout si la terre est amollie par la pluie. Tout ce qui se trouverait foulé et enfoncé dans la terre se pourrirait et ne repousserait peut-être pas. Les céréales qui, semées avec le trèfle, conviennent au sol, conviennent également au trèfle.

VINGT-SIXIÈME LEÇON

Du Trèfle incarnat.

Qu'est-ce que le trèfle incarnat? — Le *trèfle incarnat*, longtemps cultivé comme plante d'agrément, est un des meilleurs fourrages connus ; il a un bel aspect ; ses tiges sont grasses et rameuses ; son feuillage est épais et bien nourri ; sa fleur, d'un beau rouge, forme un chaton de la longueur de 0m07 à 0m08 centimètres.

A quelle époque sème-t-on le trèfle incarnat? Le trèfle incarnat se sème ordinairement du 15 août au 15 septembre, immédiatement après la récolte du blé, du seigle ou de l'avoine. Plus tôt il est semé, et plus tôt il est récolté, au commencement du printemps suivant.

Le trèfle incarnat est-il sensible aux gelées? — En effet, le trèfle incarnat craint les gelées comme tous les autres trèfles ; s'il n'a pas acquis une certaine force avant celles-ci, il est complètement détruit. En le semant trop tard, on s'expose souvent à perdre une récolte sur laquelle on a le droit de compter.

Que doit faire alors le cultivateur? — Le cultivateur doit donc se hâter de mettre la charrue dans son champ, aussitôt qu'il est dépouillé du chaume qui, quelques jours auparavant, formait sa brillante moisson.

Tous les terrains conviennent-ils à la culture du trèfle incarnat? — Les terrains frais, profonds, bien labourés, et surtout bien fumés conviennent plus particulièrement à la culture du trèfle incarnat; ceux qui sont humides lui conviennent peu.

Le trèfle incarnat est-il nuisible aux terres sur lesquelles on l'a semé? — En cultivant le trèfle incarnat comme fourrage, on a l'avantage d'améliorer la terre et de la nettoyer des mauvaises herbes qu'elle contient. Cela se conçoit facilement : le labour donné à la terre pour l'ensemencement de cette variété de trèfle, fait croître beaucoup de plantes, dont les graines se sont répandues sur le sol à l'époque de la maturité du blé ; une partie est étouffée par la végétation même du trèfle, et l'autre étant coupée avant que la graine ait pu mûrir, il en résulte que la terre s'en trouve naturellement débarrassée, et que la récolte suivante en est plus nette et plus propre.

Ce qui a été dit sur le trèfle commun, peut-on l'appliquer au trèfle incarnat? — Tout ce qui a été dit concernant la culture du trèfle commun peut se rapporter à celle du trèfle incarnat.

Du Trèfle blanc.

Qu'est-ce que le trèfle blanc? — Le *trèfle blanc* est loin d'avoir les qualités des précédents : en prairie artificielle, il dure peu, et ne donne pas des coupes aussi abondantes que le trèfle commun. Sa racine est traçante plutôt que pivotante; sa graine, beaucoup plus petite; elle croît parfaitement dans les lieux bas et humides, et fournit un bon pâturage.

Doit-on prendre des précautions en donnant le trèfle au bestiaux? — Donné aux bestiaux, le trèfle peut leur occasionner une grande indisposition, appelée *météorisation*. Pour l'éviter, il ne faut donner le trèfle que mélangé avec du foin : sans foin, on peut le donner graduellement, en évitant, toutefois, l'humidité ou la rosée.

VINGT-SEPTIÈME LEÇON

De la Luzerne.

Qu'est-ce que la luzerne? — « La *luzerne* est une plante *légumineuse*, dont les fleurs sont bleues, les feuilles en trèfle et les gousses en spirale. » Parmi les plantes qui forment les meilleures prairies artificielles, on peut, sans contredit, citer la luzerne en première ligne; et, bien que nous n'en parlions qu'après les trèfles, elle n'en tient pas moins le premier rang.

Quels sont les terrains qui conviennent le plus à la luzerne? — La luzerne exige un terrain riche, meuble, profond, bien travaillé et bien fumé; mais l'humidité lui est nuisible. La racine descend assez profondément dans le sol, et périt si elle rencontre l'eau. La luzerne est atteinte d'une maladie, appelée *cuscute*, qui lui fait le plus grand mal. Tous les moyens, jusqu'ici essayés, ont été impuissants pour la détruire.

Le procédé qui convient le mieux pour la destruction de cette maladie, consiste à râcler le foyer entre deux terres, et à recommencer cette opération aussi souvent que reparaissent les filaments de la cuscute.

La luzerne est-elle bien cultivée dans la Dordogne? — Non-seulement la luzerne est beaucoup cultivée dans la Dordogne, mais encore elle l'est bien : répandue sur tous les confins du département, elle est recherchée comme étant la meilleure nourriture que l'on puisse donner aux chevaux, aux ânes, aux mulets, aux bœufs, aux vaches et aux moutons.

Les prairies artificielles ensemencées en luzerne durent-elles longtemps? — Les prairies artificielles ensemencées en luzerne durent plus longtemps que les autres; mais aussi elles sont moins vite en plein rapport. Ce n'est qu'au bout de trois années qu'elles donnent un produit abondant. Cette plante doit être semée dans les plaines, parce que les arbres lui sont nuisibles. On la sème ordinairement dans le mois d'avril ou dans le courant de mai, en ayant soin de la répandre drue sur le terrain. Quelques hersages lui sont indispensables.

La luzerne incommode-t-elle les bestiaux en la leur donnant comme fourrage? — Donnée en abondance aux bestiaux, la luzerne, comme le trèfle, les météorise et les constipe, surtout si elle est mouillée de rosée ou de pluie ; mais, donnée en petite quantité, elle les purge et les tient frais et luisants. Pour les habituer à cette nourriture, 4 ou 5 kilogrammes de luzerne paraissent suffisants aux animaux de petite taille. D'ailleurs, il serait dangereux d'augmenter cette quantité, car la suffocation pourrait en être la suite.

Du Sainfoin.

Qu'est-ce que le sainfoin? — Le *sainfoin* est une plante fourragère à fleurs roses, croissant dans presque tous les terrains de quelque nature qu'ils soient. Dans beaucoup de pays, il est préféré à la luzerne, quoique sa nourriture ne soit pas aussi abondante et ne dure pas aussi longtemps. Semé sur un terrain calcaire, pour qu'il y réussisse convenablement, il lui faut un labour très profond.

Combien y a-t-il de sortes de sainfoins? — On distingue deux variétés de sainfoins : 1° le *sainfoin chaud* ou *sainfoin à deux coupes*, hâtif, à tiges fortes et à feuilles larges; 2° le *petit sainfoin* ou *sainfoin des montagnes*.

Comment sème-t-on le sainfoin? — Le sainfoin se sème en toute saison après une céréale d'automne ou de printemps. La quantité qu'il convient de répandre par hectare doit être de 4 à 5 hectolitres. On enterre la graine au moyen de la herse et on coupe la plante deux fois l'année. Il est à remarquer que la coupe ne commence à être avantageuse que dans la troisième année.

VINGT-HUITIÈME LEÇON

—

Du Ray-grass, de la Gesse, de la Jarosse, de la Vesce, de la Spergule et de la Lupuline.

Qu'est-ce que le ray-grass? — Le *ray-grass*, c'est l'ivraie à épillets. Il donne un excellent fourrage.

Comment sème-t-on le ray-grass? — Le ray-grass se sème dans la proportion de 40 à 50 kilogrammes par hectare. Mêlé à diverses légumineuses, il peut former des prairies dont le rapport peut être excellent. Semé sur un sol sec, il ne donne ordinairement qu'une coupe; mais semé sur un terrain humide, il peut en donner plusieurs.

Qu'est-ce que la gesse? — La *gesse* est une plante légumineuse, dont la gousse est oblongue et comprimée. Elle fournit un bon fourrage et se sème ordinairement à l'automne ou au printemps. Elle s'accommode aisément de tous les terrains.

Qu'est-ce que la jarosse ? — La *jarosse* est une excellente plante fourragère : sa graine, réduite en farine et mélangée avec celle des céréales, sert à faire un pain, lourd, grossier et indigeste. Elle n'est guère cultivée en grand ni dans la Dordogne, ni dans les autres pays.

Comment sème-t-on la jarosse ? — La jarosse, qui croît sur tous les terrains, se sème à la volée et dans la dernière quinzaine du mois d'août, dans la proportion de 200 à 250 litres par hectare.

Comment récolte-t-on la jarosse ? — La récolte de la jarosse a lieu, soit au printemps, soit en été. Pour la donner en vert aux bestiaux, il est bon de la faucher un peu avant sa complète maturité.

Qu'est-ce que la vesce ? — La *vesce* est une plante fourragère à peu près de la même nature que la précédente. Sa tige est grimpante, grêle, ayant des feuilles ailées et terminées par des filaments.

Existe-t-il plusieurs variétés de vesces ? — Il existe deux variétés de vesces : l'une se sème au printemps, au mois d'avril ou au commencement de mai ; l'autre se sème à l'automne. On la coupe au printemps. La vesce, soit de printemps, soit d'automne aime les terres fortes et les sols riches et élevés ; la vesce d'automne, plus avantageuse que l'autre sous quelques rapports, craint les hivers trop humides. Elle peut occasionner la météorisation aux bestiaux.

Comment sème-t-on la vesce ? — On sème la vesce comme le trèfle, dans une récolte de grains dans la proportion de 15 à 18 kilogrammes par hectare. On n'obtient guère qu'une seule coupe par année.

Qu'est-ce que la spergule ? — La *spergule* est une plante annuelle, appelée à rendre de grands services aux terrains montagneux et d'un accès difficile, en ce sens qu'elle peut servir d'engrais en l'enterrant en vert.

Comment la sème-t-on ? — On sème la spergule, à raison de 12 à 15 kilogrammes par hectare, sur un sol bien ameubli et bien fumé. Et l'époque qui paraît être la plus convenable est le mois de mars ou la première quinzaine d'avril.

De la Lupuline.

Qu'est-ce que la lupuline ? — La lupuline, plante fourragère, est beaucoup employée comme engrais vert dans le midi de la France. Elle a un avantage que beaucoup d'autres n'ont pas : celui de croître dans les mauvais terrains de quelque nature qu'ils soient ; mais elle ne prospère pas dans ceux qui sont humides et trop exposés aux gelées, à moins, toutefois, de la semer lorsque ces dernières ne sont plus à craindre.

La lupuline améliore-t-elle les terrains sur lesquels elle est semée ? — La lupuline améliore les terrains de la qualité la plus inférieure ; elle doit être semée très drue. Il en faut un hectolitre par hectare. Donnée aux bestiaux comme fourrage, elle leur cause rarement des indigestions.

Des Pâturages.

Qu'appelle-t-on pâturages ? — Par la désignation de pâturages, on comprend particulièrement les terrains qui, n'étant soumis à aucune culture, produisent naturellement des herbages mangés par le gros et le menu bétail.

L'utilité des pâturages s'est-elle accrue de nos jours ? — L'utilité des pâturages a beaucoup perdu de son importance depuis l'introduction, en agriculture, des prairies artificielles et des racines fourragères. Néanmoins, il y a encore beaucoup de terrains sur des montagnes ou des pentes escarpées et pierreuses où la charrue ne peut fonctionner, et qu'on ne peut utiliser qu'en semis d'arbres ou en pâturages.

Ces terrains demandent-ils des soins particuliers ? — Dans beaucoup de circonstances, ces terrains ne demandent que peu ou point de travail d'entretien ; ils donnent à l'agriculture un profit souvent plus considérable que d'autres natures de fonds en culture. Il est certain, en effet, que les résultats qu'on a obtenus sans dépense sont les plus assurés.

Quels sont les soins d'entretien que réclament les pâturages ? — Les soins d'entretien que demandent les pâturages de toute espèce, consistent dans la destruction des plantes nuisibles, dans l'épierrement, dans l'étaupinage, dans les irrigations et dans l'application des engrais et des amendements.

Peut-on détruire les herbes nuisibles ? — Il y a plusieurs moyens de détruire les herbes nuisibles croissant dans les herbages qu'on nomme *permanents*. Le plus efficace de tous, c'est de les arracher, soit à la main, soit à la pioche ou soit avec un instrument appelé *échardonnoir*. On obtient encore de bons résultats en les faisant pâturer, au printemps, dès que l'état du sol le permet.

Comment détruit-on la mousse ? — Pour détruire la mousse, il faut herser énergiquement en long et en travers pendant l'hiver et au fort de l'été, quand la terre est bien sèche, surtout lorsqu'après cette opération, on répand sur le terrain des amendements calcaires, de la cendre ou de la suie.

Les pâturages sont-ils nombreux dans la Dordogne ? — Les pâturages ne sont pas très nombreux dans la Dordogne : cependant, on en remarque dans l'arrondissement de Périgueux qui, tout en étant bien soignés, manquent d'humidité, et l'humidité leur est indispensable.

Où rencontre-t-on le plus de pâturages ? — C'est surtout dans les départements pauvres du centre de la France où l'on rencontre le plus de pâturages ; mais ils sont généralement mal entretenus. Néanmoins, les cultivateurs de ces pays élèvent beaucoup de bestiaux qui font, bien souvent, toute leur fortune.

VINGT-NEUVIÈME LEÇON

Des Prairies naturelles.

Qu'appelle-t-on prairies naturelles ? On appelle prairies naturelles celles où la graine, une fois semée, se multiplie d'elle-même sans avoir besoin de la renouveler que dans les lieux où elle n'a pas germé.

Quels sont les terrains qui conviennent le plus aux prairies naturelles ? — Les terrains qui sont trop humides pour faire de bonnes terres, ceux qui, sans avoir cet inconvénient, peuvent être facilement arrosés, le fond des vallées, les parties de l'ensemble de chaque propriété où se dirigent les eaux qui ont lavé les terrains supérieurs sont ceux qui conviennent le mieux aux prairies naturelles.

Les qualités du sol influent-elles sur la qualité et la quantité de l'herbe ? — Effectivement, les qualités du sol influent considérablement sur la quantité et la qualité de l'herbe : les terrains légers et sablonneux, dont le sous-sol se laisse facilement pénétrer par les eaux, pouvant être arrosés à propos, donnent une très grande quantité de foin ; mais la qualité n'en est pas très nutritive pour les bestiaux ; les bons terrains calcaires, profonds, substantiels sont ceux qui donnent le meilleur foin.

Comment divise-t-on les prairies naturelles ? On divise les prairies naturelles en deux classes principales, savoir : 1° les *prés arrosés ;* 2° les *prés non arrosés.* Il n'y a rien à dire de particulier sur les prés non arrosés. Tout ce qui a été dit des pâturages peut se rapporter à cette classe de prés.

Les eaux croupissantes sont-elles utiles aux prairies naturelles ? — Pour les prairies naturelles, les eaux croupissantes sont un fléau dont le cultivateur intelligent doit savoir se garantir : il ne doit jamais perdre de vue, qu'après avoir donné au pré une quantité d'eau suffisante pour le maintenir dans un état nécessaire à la végétation, la surabondance de l'eau peut lui être très nuisible. Le drainage lui est très avantageux. C'est, d'ailleurs, le seul moyen de conserver le sol dans une humidité constante, et prévenir ainsi une foule de fièvres qui désolent, dans quelques contrées, les habitants de nos campagnes. Il en est ainsi dans plusieurs communes de la Dordogne.

Quel doit être l'aspect d'une bonne prairie naturelle ? — Une bonne prairie naturelle doit présenter une surface unie et avoir une pente égale et régulière, de la partie la plus élevée à la partie la plus basse. On en fait disparaître toutes les buttes, toutes les inégalités ; cette terre peut servir à exhausser les endroits où l'eau séjourne.

Quel moyen peut-on employer pour enlever les buttes ? — Un bon moyen pour enlever les buttes consiste à les détacher du sol avec une fourche courbe; une fois renversées, on enlève toute la terre, et on remplace le gazon qu'on foule alors, et qui ne souffre aucunement de ce travail. Cette opération, appelée *colmatage*, peut se faire, soit à l'automne, soit au printemps, avant la pousse de l'herbe.

Est-il nécessaire de fumer les prairies naturelles ? — On fume peu les prairies naturelles par la raison que les fumiers, manquant généralement, sont plus utiles ailleurs. Cependant, si l'on a suffisamment de fumiers pour faire face à tous les besoins, on peut fumer les prairies naturelles en février, et répandre ce fumier sur les mauvaises plantes, telles que les *joncs*, les *laîches*, les *bugranes*, etc., qui donnent un très mauvais fourrage.

Les eaux des étables et celles qui ont lavé les chemins sont-elles bonnes à l'amélioration des prairies naturelles ? — Les eaux de fumiers et d'étables, et celles qui ont lavé les chemins, les égouts, les cours de ferme, les villages, les villes même sont, sans contredit, les meilleures de toutes.

Viennent ensuite les eaux de certaines rivières ou de certains ruisseaux, qui charrient les matières grasses et limoneuses ; puis les eaux de sources contenant en dissolution de la terre calcaire.

Peut-on améliorer les eaux ? — On peut, en effet, améliorer la qualité des eaux en les retenant dans un réservoir où le soleil les échauffe, et surtout en y délayant quelques charretées de fumier. Les eaux de sources provenant de terrains calcaires, sont d'autant meilleures, qu'on les utilise plus près de l'endroit d'où elles sortent de terre.

Des Irrigations.

Quel est le moyen le plus propre à augmenter la fertilité des prairies naturelles ? — Le meilleur moyen d'augmenter la fertilité des prairies naturelles, ce sont les *irrigations* ou *arrosement à grande eau.* L'irrigation est un élément trop puissant de fertilisation, pour qu'on doive le négliger. Cependant, dans la Dordogne, ce système est peu pratiqué comme dans la plupart des autres départements.

Quelles sont les époques les plus favorables aux irrigations des prairies naturelles ? — On doit mettre l'eau sur les prairies naturelles aux premières pluies d'automne et cela, pendant quinze jours environ. Un plus long séjour de l'eau déterminerait la pourriture des racines. En hiver, on remet l'eau de temps en temps en ayant soin de la retirer à l'approche de la gelée. En mars, quinze jours suffisent si la température est fraîche, et six ou huit jours, si elle est trop élevée. En avril et en mai, à mesure qu'elle s'échauffe, on doit diminuer la durée du séjour de l'eau sur chaque partie de la prairie. On la réduit à deux ou trois jours quand la température est douce ; mais lorsqu'elle est très chaude, on ne donne l'eau que pour vingt-quatre heures, et même pour la nuit, en donnant, chaque fois, au terrain, le temps de se ressuyer. Après l'enlèvement du foin, on peut remettre l'eau dans la prairie pendant deux ou trois jours seulement, et réitérer cette opération deux ou trois fois avant la coupe du regain.

A quelle époque convient-il de rigoler les prés? — Le *rigolage* des prés ou le *nettoyage* des rigoles doit se faire en automne ou dans le mois de janvier, avec un instrument, appelé *rigoleur* ou *tranche-gazon*. On peut aussi se servir d'une longue bêche.

Quel est l'animal le plus nuisible aux prés? — L'animal le plus nuisible aux prés, c'est bien, sans contredit, la taupe. Il importe de la détruire en lui faisant une guerre sans relâche. Les piéges et les irrigations sont d'excellents moyens de destruction. Dès que les taupinières sont formées, il faut les répandre, surtout à l'époque la plus rapprochée du fauchage, car elles gêneraient la coupe du foin.

Faut-il conduire les bestiaux paître les prairies naturelles? — Il est certain qu'en conduisant les bestiaux paître les prairies naturelles, on diminue de beaucoup le produit de ces dernières, et on perd le fumier qu'ils feraient, s'ils étaient nourris à l'étable. Ce moyen, pratiqué partout, est des plus désavantageux en ce sens qu'il épuise le terrain et retarde le moment de la récolte du foin ou du regain.

Quelles sont les plantes qui donnent le meilleur fourrage? — Les plantes qui donnent le meilleur fourrage, et qu'on doit cultiver plus spécialement sont : 1° les *agrostis*; 2° les *vulpins*; 3° les *brômes*; 4° le *dactyle pelotonné*; 5° *l'avoine élevée*; 6° les *fétuques*; 7° le *sainfoin commun*; 8° la *gesse des prés*; 9° la *gesse cultivée*; 10° l'*ivraie vivace*; 11° les *pâturins*; 12° la *spergule des champs*; 13° les *trèfles*; 14° les *vesces*, etc.

Dans la Dordogne, les prairies naturelles ont-elles plus de valeur que les autres terrains? — Dans la Dordogne, les prairies naturelles ont, incontestablement plus de valeur, à égale étendue, que les autres terrains. Cela tient à leur petit nombre, eu égard à la consommation qui se fait en foin pour la nourriture des bestiaux.

De la Préparation du Foin.

A quelle époque doit-on couper le foin? — Lorsque l'herbe est en pleine floraison, c'est le moment le plus favorable pour la couper : le fourrage alors acquiert des qualités qu'il perdrait en attendant sa complète maturité.

Comment prépare-t-on le foin et le regain? — Pour bien préparer le foin et le regain, il est indispensable d'avoir un nombre de faneuses proportionné à celui des faucheurs : dès que la rosée est dissipée, on s'empresse d'étendre, à la fourche où à la main, aussi uniformément que possible, l'herbe des *andains* ou *rangs* sur toute la surface fauchée. Plus souvent on retourne le foin, et mieux il sèche.

Que fait-on ensuite ? — On doit laisser, sans l'étendre, l'herbe fauchée, après trois ou quatre heures du soir, et ne pas attendre le coucher du soleil pour réunir le foin en petits tas, afin qu'il ne prenne pas la rosée. Ces petits tas s'appellent *meulons*, *pataques*, *chevrottes*, selon les localités. Et, pour avoir une bonne préparation, il faut, autant que possible, ne pas laisser mouiller le foin, car, mouillé, il perd de ses qualités subtantielles.

Une fois sec, où place-t-on le foin? — Une fois sec, le foin se place, soit dans les fenils, soit en meules situées au dehors.

Comment place-t-on le foin dans les fenils? — Serrer le foin dans les fenils, l'y tasser fortement et également, faire en sorte que la fermentation s'y produise partout uniformément, telle est l'opération que l'on fait subir au foin sec; pour qu'il soit de bonne qualité, cette fermentation est indispensable : si le tassement n'était pas uniforme, la *moisissure*, la *pourriture* ou l'*inflammation* pourraient se produire dans la partie qui n'aurait pas été bien tassée. Dès lors, le foin perdrait de ses qualités essentielles.

Comment place-t-on le foin en meules?— Le foin, placé en meules rondes ou carrées, se tasse fortement; et, pour empêcher l'eau d'y pénétrer, on les recouvre d'un chapeau mobile. En mettant le foin en meules avant d'être complètement sec, il acquiert une teinte brune qui, d'après un célèbre agronome, lui donne un goût particulier, recherché par les bestiaux.

CHAPITRE HUITIÈME

—

TRENTIÈME LEÇON

—

Des Plantes oléagineuses.

Qu'est-ce qu'on entend par plantes oléagineuses? — On appelle *plantes oléagineuses*, celles dont le fruit ou la graine sert à la production de l'huile.

Quelles sont les principales plantes oléagineuses? — Les principales plantes oléagineuses sont : 1° le *colza*, 2° la *navette*, 3° la *cameline*, 4° la *moutarde* *blanche* ou *noire* de la famille des *crucifères;* 5° le *pavot* ou *œillette.*

Du Colza.

Qu'est-ce que le colza? — Le *colza* est une sorte de chou, cultivé principalement pour ses graines donnant une huile d'assez bonne qualité, dans la proportion d'un tiers de leur poids. Les tourteaux, formés du résidu de ses graines, engraissent très bien les bestiaux de chaque espèce.

Combien y a-t-il d'espèces de colzas? — Il y a deux espèces de colzas : celui d'hiver et celui de printemps. Celui d'hiver se sème au mois d'août. Le plant exige un terrain bien fumé et bien meuble ; il peut être sarclé au besoin. Celui de printemps se sème en mars ou en avril, et est récolté en septembre.

Cultivé comme fourrage, le colza peut-il être utile? — Cultivé comme fourrage, le colza est, en effet de la plus grande utilité pour les cultivateurs, qui en donnent les feuilles à leurs bestiaux. C'est surtout dans le nord de la France, où le colza est cultivé en grand, à cause des fabriques considérables d'huile, qui se trouvent dans ce pays; mais, dans le midi, il est peu recherché. C'est bien à tort, car la graine de colza peut être une grande ressource, soit comme graine, soit comme fourrage, pour les bestiaux de ces contrées.

Comment sème-t-on le colza? — « Le colza se sème en place à la volée, en place en rayons espacés de 0m, 40 centimètres, ou en pépinière pour être ensuite repiqué : huit litres de graine suffisent par hectare. Le semis en place en rayons paraît le plus économique et le plus convenable. »

Quels soins faut-il donner au colza? — Si le

temps est favorable, on peut biner le colza en septembre ou en octobre et éclaircir les pieds en les mettant à la distance de 0m, 30 centimètres. Lorsque le printemps est arrivé, on donne un hersage vigoureux, et, jusqu'à sa complète maturité, on continue à donner des binages à propos.

A quelle époque récolte-t-on le colza? — La récolte du colza se fait ordinairement vers la première quinzaine de juillet. On a soin de le couper un peu avant sa complète maturité; en le plaçant dans un lieu élevé, sa graine ne tarde pas à être mûre. On obtient, en moyenne, un rendement de 15 à 20 hectolitres de graine par hectare.

Qu'est-ce que la navette? — La *navette* ressemble au colza : elle n'en diffère que par les feuilles qui sont plus rudes et plus vertes.

Comment cultive-t-on la navette? — La navette se cultive de la même manière que le colza. Semée jusqu'au 15 septembre, elle croît sur tous les terrains ; mais cependant, elle préfère ceux qui sont légers et qui contiennent un peu de carbonate de chaux. On ne cultive guère que la variété appelée *navette d'hiver*. Si les fortes gelées de l'hiver ont détruit cette dernière, on peut semer la *navette de printemps*, beaucoup moins productive que la précédente.

De la Cameline.

Qu'est-ce que la Cameline? — La cameline est une plante de l'espèce des choux, cultivée pour l'huile, bonne à brûler, qu'on extrait de ses graines dans la proportion de près du tiers de leur poids.

Cette plante est-elle rare dans la Dordogne? — En effet, cette plante est rare dans la

Dordogne ; mais, dans le nord, elle est bien cultivée : un sol léger lui convient mieux, quoiqu'elle réussisse dans presque tous les terrains, pourvu qu'ils soient bien soignés et bien fumés.

A quelle époque sème-t-on la cameline ? La *cameline* se sème ordinairement dans le mois de mai ; 4 kilogrammes de graine suffisent par hectare. Il est nécessaire de l'espacer à environ 0m, 17 centimètres.

De la Moutarde blanche et de la Moutarde noire.

Comment cultive-t-on ces sortes de moutardes ? — La *moutarde blanche* et la *moutarde noire* se cultivent de la même manière : l'huile qu'on retire de leurs graines est de la même qualité que celles du colza. Ces plantes sont très épuisantes et exigent une terre bien ameublie et fortement engraissée.

A quelle époque sème-t-on ces deux espèces de moutardes ? — La moutarde blanche se sème en avril et la moutarde noire, en mars. On met ordinairement de l'une et de l'autre, 6 kilogrammes par hectare. On doit les récolter dès que leurs tiges deviennent jaunes ; on les met en javelles, et puis, en tas ; sans cette précaution, on perdrait une grande quantité de graine. Le rendement ne dépasse guère 15 hectolitres par hectare.

Du Pavoto u Œillette.

Qu'est-ce que le pavot ou l'œillette ? — Le *pavot* ou *œillette* est une plante d'un mètre à un mètre cinquante centimètres de hauteur, à racines pivotantes dont les graines donnent une huile de bonne qualité, dans la proportion de près de la moitié de leur poids.

Combien y a-t-il de variétés de pavots ? — Il y a trois variétés de pavots, savoir : 1° le *pavot ordinaire*, à graine grise ; 2° le *pavot aveugle* dont les capsules ne sont pas ouvertes ; 3° enfin, le *pavot* à graine blanche, contenue dans de grosses capsules fermées. « C'est le premier qui est le plus généralement cultivé comme plante à huile. Le pavot blanc l'est surtout pour l'usage qu'on en fait, en médecine, de ses capsules mûres. Le suc épaissi qu'on en retire pendant qu'elles sont vertes fait la substance qu'on appelle *opium*. »

Quel est le terrain qui convient le mieux au pavot ? — Le pavot aime un terrain doux, léger, mais substantiel, très profondément ameubli et richement fumé.

A quelle époque sème t-on le pavot ? — Le pavot se sème, selon les climats, ou plutôt selon les lieux, depuis l'automne jusqu'à la fin du printemps. Les semis de septembre et d'octobre paraissent être les plus avantageux. 2 kilogrammes sufffisent par hectare. Dans la Dordogne, le pavot n'est guère cultivé ; sa graine ne subit aucun changement, et on la laisse perdre lorsqu'elle est arrivé à sa complète maturité. D'ailleurs, dans notre Périgord, le pavot n'est considéré que comme plante d'agrément.

CHAPITRE NEUVIÈME

TRENTE ET UNIÈME LEÇON

Des Plantes textiles.

Qu'appelle-t-on plantes textiles ? — On appelle *plantes textiles* des plantes qui sont cultivées pour la production du fil.

Combien y a-t-il de sortes de plantes textiles? — Il y a deux sortes de plantes textiles : 1° le *lin* de la famille des *linées* ; 2° le *chanvre*, de celle des *urticees*.

Du Lin.

Qu'est-ce que le lin ? — Le *lin* est une plante textile que l'on connaît sous plusieurs variétés, et que l'on désigne sous plusieurs noms différents selon les localités où elles sont cultivées ; telles sont : 1° le *lin de Riga* ; 2° le *lin de Flandre* ; 3° le *lin de Maine-et-Loire* ; mais toutes ces variétés peuvent se reduire, pour l'agriculture, au *lin d'hiver* et au *lin d'été*. Le premier est moins difficile que le second pour le choix du terrain.

Le lin exige-t-il beaucoup de soins ? — Le lin est une plante délicate : il demande un sol frais, substantiel, très meuble et richement fumé ; il réussit très bien sur les terres d'alluvion, sur les prairies naturelles ou artificielles, rompues et bien ameublies. Dans les années de secheresse, les terres grasses et humides, bien qu'un peu fortes, conviennent aussi fort bien à la culture du lin ; il n'aime pas à revenir sur le même terrain avant quatre ou cinq ans. La variété d'été ne réussit bien que sur les terrains parfaitement ameublis, fertiles et bien fumés.

A quelle époque sème-t-on le lin d'hiver et le lin de printemps ? — Les lins d'hiver se sèment au commencement de l'automne ; ceux d'été, de mars en mai ; ils se sèment tous à la volée. On doit d'ailleurs tenir compte de la température et de l'état du terrain. On emploie environ deux hectolitres de semence par hectare. On recouvre la semence au râteau ou avec la herse. Le plus souvent, le lin n'exige aucune façon d'entretien. Pour maintenir les tiges, on met des piquets de distance en distance qu'on relie au moyen de cordes de paille ou de liens en osier.

Que fait-on de la graine de lin ? — La graine de lin produit une bonne huile pour l'éclairage et pour la peinture. Elle est encore très employee dans la médecine.

Le lin est-il bien productif ? — Dans les bonnes années et sur les terrains qui lui conviennent, le lin produit ordinairement de 4 a 6 hectolitres de graine et de 2 à 3 quintaux métriques de filasse qu'on obtient par le *rouissage*.

Qu'appelle-t-on rouissage ? — On appelle rouissage l'action successive de la rosée, de la pluie, du soleil sur les tiges sèches du lin et du chanvre ; on les met aussi dans l'eau.

Combien y a-t-il de modes de rouissage ? — Il y a deux modes de rouissage : le premier, suivi presque partout, consiste à étendre le lin en couches minces uniformément sur le gazon, et à le retourner de temps en temps, de manière a ce que les fibres se détachent facilement. Ce moyen, qui serait avantageux s'il pleuvait tous les huit ou quinze jours, réussit peu par un temps de sécheresse ; dans ce cas, le second mode est préférable.

En quoi consiste le second mode de rouissage ? — Mettre le lin dans une eau stagnante ne se renouvelant que par un léger courant, le maintenir dans cette eau pendant un temps qui permette à la filasse de se détacher de la tige assez facilement, retirer ensuite la plante de l'eau, la réunir en tas pour la faire égoutter et l'étendre sur le sol pour la faire sécher, telle est l'opération que l'on fait subir au lin par le second mode de rouissage.

Du Chanvre.

Qu'est-ce que le Chanvre ? — Le *chanvre*, autre plante textile très estimée des cultivateurs, produit de la filasse avec laquelle on fabrique de la toile et des cordages ; sa graine, appelée aussi *chenevis*, donne une huile très bonne à brûler.

Quels sont les terrains qui conviennent le plus au chanvre ? — Le chanvre épuisant beaucoup la terre, exige un sol profond, substantiel et frais, de consistance moyenne, parfaitement ameubli et engraissé de longue main par de fréquentes et abondantes applications de fumiers bien consommés. Plus le terrain se rapprochera, par ses qualités, du terreau pur, et mieux le chanvre reussira.

Dans la Dordogne, on cultive le chanvre presque toujours sur le même terrain, qu'on appelle alors *chenevière*.

A quelle époque sème-t-on le chanvre ? — Le chanvre se sème ordinairement en avril et en mai, à raison de 5 a 6 hectolitres par hectare ; on le recouvre au râteau ou à la herse Les oiseaux étant très avides de *chenevis*, ou graine de chanvre, on les écarte au moyen de mannequins de paille.

Les tiges du chanvre sont-elles toutes les mêmes? — Chaque tige du chanvre ne porte pas à la fois des fleurs et des graines; on appelle les premières, *chanvre mâle;* les secondes, *chanvre femelle.* Dans la pratique, on confond souvent ces deux dénominations, en appelant chanvre femelle celui qui porte les fleurs, et réciproquement.

A quelle époque arrache-t-on le chanvre mâle? On arrache le chanvre mâle dès qu'il a passé fleurs et qu'il commence à jaunir par le haut.

A quelle époque arrache-t-on le chanvre femelle? — Le chanvre femelle, qui porte les graines, n'est mûr que cinq ou six semaines après; on l'arrache dès que les grains commencent à brunir. On le lie en petites *bottes* que l'on reunit en *meulons* pour que la graine puisse achever sa maturite. Pour extraire la graine et faire rouir, on se sert des procédés indiqués pour le lin.

Le chanvre est-il bien productif? — Cultivé pour la filasse, le chanvre ne donne guère plus de graine que la semence, c'est-à-dire de cinq à six hectolitres par hectare ; il donne de 4 à 5 quintaux metriques de filasse. Si l'on n'avait pour but que la production de la graine, on devrait semer beaucoup plus clair, et alors, on récolterait une bien plus grande quantité de chènevis

Des Plantes tinctoriales.

Qu'est-ce qu'on entend par plantes tinctoriales? — On entend par *plantes tinctoriales,* celles dont le produit entre dans la fabrication de la teinture.

Quelles sont les principales plantes tinctoriales? — Les principales plantes tinctoriales sont : 1° la *garance ;* 2° le *safran ;* 3° le *pastel;* 4° la *gaude.*

Où cultive-t-on ces plantes ? — La *garance*, de la famille des *rubiacées*, est seulement cultivée dans quelques départements de l'est, du midi et du sud-est de la France. Ailleurs, elle n'est pas connue ; elle produit la couleur rouge, et exige un terrain riche, profond, bien travaillé et bien fumé.

Comment doit-on préparer le terrain ? — Dès l'automne, on bêche le sol profondément et on enlève toutes les racines des plantes adventices, c'est-à-dire qui croissent accidentellement. « Au commencement du printemps, on lui donne une forte fumure d'engrais de bestiaux, qu'on enfouit par un labour profond. La quantité de fumier à mettre par hectare peut être de 130 à 150 mètres cubes. »

De quelle manière doit-on faire la semence? — On sème la garance en place dans des raies profondes, tracées à la houe et espacées les unes des autres d'environ un mètre, quarante centimètres. Il faut de 70 à 80 kilogrammes de graine par hectare. Au mois de mars, on transplante la garance cultivée en pépinière.

A quelle époque la garance est-elle mûre ? — La garance met trois années pour mûrir ; et, ce n'est qu'au mois d'octobre de la troisième année de sa plantation qu'on peut la récolter. « Pendant la première année, on lui donne plusieurs sarclages et un fort buttage en novembre. Ses tiges produisent un excellent fourrages. (1000 kilog. environ.) La seconde année, un seul sarclage peut lui suffire ; mais le fourrage se trouve ainsi doublé. L'arrachage s'opère au mois d'octobre de la troisième année. On creuse profondément la terre pour ne pas altérer les racines qui en sont le principal produit. »

Quel est le rendement de la garance ? — « La garance donne environ 3,500 kilogrammes de racines sèches et 3,000 kilogrammes de fourrage. C'est un produit excellent, payant très bien les frais de sa culture. »

NOTA. — Les autres plantes tinctoriales étant peu cultivées, nous avons cru devoir ne pas nous en occuper.

Des Plantes industrielles.

Qu'est-ce qu'on entend par plantes industrielles ? — Les plantes industrielles sont celles qui, par la préparation qu'on leur fait subir, ont une grande valeur dans l'industrie, et dans le commerce.

Quelles sont les principales plantes industrielles ? — Les principales plantes industrielles sont : 1° le *tabac ;* 2° la *cardère* ou *chardon* à *foulon ;* 3° le *houblon.*

Qu'est-ce que le tabac ? — Le *tabac,* ou *nicotiane,* du nom de Nicot qui l'a importé en Europe, appartient à la famille des *solanées :* il est seulement cultivé pour sa feuille, qui donne le tabac à fumer ou à priser.

Quels sont les terrains qui conviennent le plus à la culture du tabac ? — Les terrains qui paraissent le plus convenir à la culture du tabac, sont ceux qui sont profonds et dans lesquels le calcaire prédomine. Un mélange d'argile et de calcaire ne lui est pas désavantageux. Le sol, qui doit recevoir cette plante, est l'objet d'une préparation spéciale : d'abord, on le laboure légèrement ; on le laisse dans cet état jusqu'à l'arrière-saison ; ensuite on le fume fortement avec un fumier de vache ou de cheval. On enfouit cet engrais à 0^m,16 ou 0^m,18 centimètres de profondeur pour qu'il puisse bien se consumer pendant l'hiver. Au mois de mars, on donne un second labour,

6.

et puis un troisième, cinq ou six semaines après. On peut répandre, à la surface du terrain, des tourteaux d'huile réduits en poudre ou le produit des vidanges qu'on mélange à la terre par un léger hersage. Après un dernier labour de 0m,07 à 0m,08 centimètres de profondeur, on peut transplanter le tabac facilement.

Comment doit-on faire les semis de tabac ? — Pour faire les semis de tabac, on choisit un bon terrain, exposé au midi, soit derrière une haie, soit derrière un mur élevé. On le bêche profondément et on le rompt plusieurs fois en lui donnant beaucoup plus de fumier qu'à celui, qui est destiné à la plantation. Le printemps arrivé, on sème à la volée la graine de tabac dans la proportion d'un quart de litre environ pour quinze centiares de terrain. On le couvre si l'on craint la gelée. Dès que la végétation commence, on a soin de l'éclaircir et de le débarrasser des plantes parasites qui nuiraient précisément aux pieds conservés.

A quelle époque doit-on faire la transplantation ? — La transplantation du tabac doit se faire dans le mois de juin ou dans la première quinzaine de juillet : on donne au sol un dernier labour et un coup de herse énergique. Le rouleau peut être utilement employé pour aplanir le terrain.

Comment doit-on faire la transplantation du tabac? — On doit se servir, pour la transplantation du tabac, du cordeau et du plantoir : les lignes doivent être distancées de 0m,60 à 0m,70 centimètres, et les pieds, de 0m,30 à 0m,35 centimètres les uns des autres. On les enfonce dans la terre jusqu'au nœud des feuilles. Pour que le plant réussise, une certaine humidité lui est nécessaire, surtout à une époque de l'année où la chaleur commence à se faire sentir. S'il ne survient pas de pluie quelques heures après la plantation, on doit arroser pendant trois ou quatre jours.

Quels sont les soins à donner au tabac ? — Les soins à donner au tabac lorsque la transplantation a eu lieu et que les plants ont commencé à végéter, consistent d'abord à butter légèrement chaque pied, et ensuite, à l'étêter en le pinçant avec les doigts, dès que le *bouton* ou la *couronne* commence à paraître. Ce travail, qui donne naissance à un plus grand nombre de feuilles, doit se faire le matin de cinq à dix heures. On sarcle souvent le terrain pour le débarrasser des mauvaises herbes. On ne suspend les sarclages que lorsque les feuilles ont atteint un développement qui ne permette plus de pouvoir passer entre les pieds.

A quelle époque doit-on faire la récolte du tabac ? — La récolte du tabac se fait ordinairement sur la fin de septembre ou dans la première quinzaine d'octobre. Lorsque les feuilles sont jaunes, elles sont mûres. On coupe alors les pieds en les laissant à terre pendant quelques heures pour donner aux feuilles le temps de s'amollir. Ils sont ensuite suspendus au moyen de ficelles ou de fils de fer sous les toits des bâtiments ou des hangars en les tournant du côté du midi ou de l'est.

Lorsque le tabac est récolté que doit-on faire ? — Lorsqu'on a récolté le tabac, on doit en faire sécher les feuilles : une fois sèches, celles-ci sont attachées par paquets de 60 à 70. C'est ce qu'on appelle *manoque*. Les manoques sont étendues sur un plancher propre et retournées tous les huit ou quinze jours pour empêcher l'échauffement des feuilles. Lorsque ce dernier n'est plus à craindre, on peut les livrer à la régie.

Que doit-on faire pour récolter la graine de tabac ? — Pour récolter la graine de tabac, il suffit de laisser quelques beaux pieds dans la pépinière sans les étêter et sans enlever aucune de leurs feuilles. Les capsules qu'ils ont produites sont coupées au mois de septembre et soigneusement séchées au soleil. L'expérience prouve que chaque pied donne environ de 25 à 30 grammes de graine.

Le tabac est-il partout cultivé ? — On ne cultive pas le tabac dans tous les départements, par la raison que tous les terrains ne sont pas propices à sa culture. Dans la Dordogne, cette plante est répandue sur une superficie de 1,150 hectares. Le rendement par hectare est d'environ 1,350 kilogrammes, vendus au prix moyen de 70 à 85 francs les 100 kilogrammes, selon la qualité des récoltes.

TRENTE-DEUXIÈME LEÇON

De la Cardère. — Du Houblon.

Qu'est-ce que la Cardère ? — La *cardère* ou *chardon à foulon*, de la famille des *dipsacées*, est une plante ayant une tige et des feuilles garnies d'épines ; la tige produit des fleurs rudes et crochues remplaçant les cardes pour certaines étoffes. Cette plante se trouve partout; mais principalement dans les lieux bas et humides. Elle n'est cultivée en grand que dans quelques départements du nord de la France.

Qu'est-ce que le houblon ? — Le houblon, de la famille des *cannabinées*, est une plante cultivée en grand dans le nord, dans l'est de la France et dans tous les pays où la bière devient la boisson habituelle des habitants. Ce végétal produit des fleurs mâles et des fleurs femelles placées sur des pieds entièrement séparés. Les premières forment des grappes rameuses et irrégulières; les secondes forment une sorte de tête globuleuse et conique.

Les deux espèces de fleurs du houblon sont-elles employées dans la fabrication de la bière ? — Il n'y a que les cônes des fleurs femelles qui servent à communiquer aux bonnes bières cette saveur franchement amère et aromatique qu'elles possèdent, ainsi que les propriétés toniques dont elles jouissent. Dans la brasserie et dans le commerce, on ne parle que des cônes fructifères de la plante et nullement de la plante elle-même.

Combien distingue-t-on de variétés de houblons ? — On ne connaît guère que quatre espèces de houblons, savoir; le *houblon sauvage*, type de l'espèce; 2° le *houblon rouge;* 3° le *houblon blanc, long;* 4° enfin, le *houblon court.*

Quels sont les terrains qui conviennent le plus à la culture du houblon ? — La culture de cette plante exige un sol très profond et très riche : peu de terrains lui conviennent. Il faut de plus que la houblonnière soit à l'abri des vents violents.

A quelle époque doit-on faire la plantation du houblon — La plantation du houblon peut se faire soit au printemps, de la fin mars à la fin d'avril, soit à l'automne de la fin septembre à la fin d'octobre. La plante, qui est très vivace, donne de bonne heure, un grand nombre de tiges sarmenteuses, qui reçoivent, comme appui, des perches ou des fils de fer. Chaque souche donne beaucoup plus de pousses qu'elle n'en peut nourrir; celles que l'on supprime sont utilisées dans le nord de l'Europe : on les mange comme les pousses d'asperges. Le sol doit être défoncé profondément, soit à la bêche, soit à la charrue et abondamment fumé.

Comment se procure-t-on le plant du houblon ? — On se procure le plant du houblon en divisant les branches des anciens pieds les plus vigoureux. Ce plant doit avoir trois ou quatre yeux, et présenter la grosseur du doigt. On le sépare de la souche peu de temps avant la plantation, et on le tient dans un lieu frais, humide, jusqu'à ce que celle-ci s'effectue.

Comment fait-on la plantation du houblon ? — Pour planter le houblon, on pratique des trous carrés de $0^m,60$ centimètres de chaque côté et profonds de $0^m,40$ à $0^m,50$ centimètres. On les espace de 3 ou 4 mètres les uns des autres en les plaçant en ligne droite ou en ligne oblique, On emplit ensuite ces trous de bons engrais, et on place le plant que l'on entoure doucement de terre en la pressant avec le pied. Lorsque la végétation s'est fait sentir, on butte la houblonnière pour la débarrasser des mauvaises herbes, qui lui nuiraient considérablement.

Quels sont les soins d'entretien à donner au houblon ? — Dès la seconde année, au commencement d'avril, on procède à la taille des pousses inutiles et on coupe au moyen de la serpette, les jets qui ont donné naissance aux tiges de l'année précédente. « On recouvre la souche taillée d'une épaisseur de $0^m,02$ ou $0^m,03$ centimètres de terre bien meuble, afin que les jets puissent facilement sortir. On ne laisse que deux ou trois de ces derniers selon la force du pied, et on arrache tous les autres. On renouvelle ces soins, tous les ans, pendant toute la durée de la houblonnière. »

Comment reconnaît-t-on la maturité du houblon ? — La récolte des cônes se fait aussitôt qu'ils sont parvenus à maturité, ce qu'on reconnaît à la couleur des *bractées*, lesquelles deviennent brunes de vertes qu'elles étaient auparavant.

Que fait-on alors ? — Alors, on coupe les tiges de la plante à 1 mètre environ du sol, et on détache les cônes au fur et à mesure. Le bon houblon se reconnaît à son odeur forte et à son amertume. Les cônes, une fois cueillis, on les soumet à une dessiccation bien égale et bien complète dans des fours de briques construits spécialement pour cet usage. Après cela, on les étend dans une chambre très sèche et bien aérée, où on les laisse environ trois semaines. Cette seconde opération a pour effet de leur enlever leur extrême friabilité, qui les endommagerait en les mettant dans des sacs pour les livrer au commerce.

Les propriétés du houblon sont-elles nombreuses ? — Les propriétés du houblon sont dues presque toutes à la poussière jaune qui entoure ses cônes. Cette poussière, d'après l'analyse qu'en ont faite *Payen* et *Chevalier*, renferme de la résine, de la gomme, une huile essentielle, du soufre et surtout une substance particulière qu'ils ont appelée *lupuline*. Les cônes du houblon sont employés en médecine sous forme de simple infusion aqueuse, et dans certains cas excessivement nombreux où les toniques amers jouent un grand rôle. Dans le midi, à cause de leur rareté, ils sont remplacés par l'orge pour la fabrication de la bière.

Cultive-t-on le houblon dans la Dordogne ? — Le houblon n'est pas cultivé dans la Dordogne cependant, quelques essais ayant été faits depuis peu et ayant donné des résultats satisfaisants, il serait à désirer, vu le produit qu'on peut en retirer, que le houblon se répandît dans tout le département.

CHAPITRE DIXIÈME

TRENTE-TROISIÈME LEÇON

Des Instruments aratoires.

Qu'appelle-t-on instruments aratoires? — On appelle *instruments aratoires*, tous les instruments dont on se sert en agriculture.

Comment divise-t-on les instruments aratoires? — Les instruments aratoires se divisent en deux grandes classes, savoir : 1° ceux que l'homme fait mouvoir avec le secours de ses bras, et qu'on nomme aussi *outils aratoires*, tels que, la *bêche*, la *faux*, le *hoyau*, la *houe*, la *sape*, le *volant*, la *faucille*, etc.; 2° ceux que l'homme ne peut employer qu'avec l'aide des animaux, comme la *charrue*, la *herse*, l'*extirpateur*, la *houe à cheval*, le *rouleau*, le *buttoir*, le *semoir*, le *scarificateur*, etc.

Il y a aussi les *charrettes*, les *tombereaux* et tant d'autres instruments, si connus des agriculteurs, qu'il est inutile d'en parler ici. Nous ne parlerons pas non plus des outils aratoires.

De la Charrue.

Qu'est-ce que la charrue ? — La charrue est un instrument dont on se sert pour labourer la terre. Elle est, sans contredit, le plus important de tous les instruments aratoires : c'est aussi celui dont la confection demande le plus de soins et présente le plus de difficultés. « Depuis l'invention de la première charrue qui n'était autre chose qu'un crochet de bois renversé avec lequel on traçait des sillons bien imparfaits, d'innombrables perfectionnements ont eu lieu, et cependant, après tant de siècles, nous ne sommes pas encore arrivés à pouvoir dire : voilà une charrue sans défaut. La meilleure de toutes les charrues serait celle qui conviendrait à tous les sols, retournerait le mieux la terre, demanderait le moins de tirage, fatiguerait le moins l'homme chargé de la diriger, et coûterait le moins cher. L'inventeur d'une charrue, qui réunirait toutes ses qualités, pourrait être classé parmi les bienfaiteurs de l'humanité. »

Que faut-il pour avoir une bonne charrue ? — Pour avoir une bonne charrue, il faut, a dit la Société d'agriculture de Paris, « que le laboureur n'ait pas besoin d'aide, qu'elle soit simple et légère ; que l'attelage ne soit pas de plus de deux bêtes ; que le soc soit plat et tranchant ; que le versoir range la terre de côté et nettoie parfaitement le fond de la raie ; que le labour soit étroit et profond ; que la charrue obéisse avec précision à tous les mouvements que lui imprime le laboureur ; qu'elle ne fasse rien au delà de ce que sa main lui prescrit. »

Quelle est la charrue qui paraît réunir les qualités dont nous venons de parler ? — La charrue paraissant réunir les qualités énumérées plus haut est celle de *Mathieu de Dombasle ;* mais cependant elle est loin d'approcher de la perfection. Des expériences ont suffisamment prouvé que la charrue de *Dombasle* était moins avantageuse que son araire.

Les culivateurs de la Dordogne emploient-ils beaucoup la charrue ? — Dans la Dordogne, les petits cultivateurs emploient très peu la charrue par la raison que le prix en est trop élevé pour eux ; mais le temps viendra où le cultivateur intelligent comprendra les services que la charrue est appelée à lui rendre, et il s'imposera de plus grands sacrifices pour se la procurer.

Combien y a-t-il de sortes principales de charrues? — Il y a deux sortes principales de charrues : 1° les *charrues à avant-train;* 2° les *charrues simples* ou *sans avant-train.* On les nomme aussi *araires.* De nos jours, on fabrique beaucoup de charrues sur le modèle de celle de *Mathieu de Dombasle.*

Qu'est-ce que la charrue à avant-train? — La charrue à avant-train est semblable à la charrue ordinaire, elle n'en diffère que par des roues en fer dont les formes sont très variées, et placées à l'extrémité de l'instrument.

Qu'est-ce que la charrue simple ou sans avant-train? — La charrue simple ou sans avant-train, que nous avons déjà décrite, se compose des parties suivantes : 1° l'age; 2° le coutre; 3° le sep; 4° le soc; 5° le versoir; 6° les mancherons; 7° le régulateur. (voir la figure ci-contre).

Qu'est-ce que l'age? — L'*age*, ou *flèche*, ou *perche* A, est un montant en bois destiné à recevoir et à communiquer le mouvement à l'instrument tout entier : c'est à l'age que l'on attache les traits de l'attelage.

Qu'est-ce que le coutre? — « Le *coutre* B est une espèce de couteau placé dans l'age coupant perpendiculairement la tranche de terre, qui doit être retournée par le versoir. » On le fixe avec des coins ou au moyen d'une vis, dans une mortaise de l'age.

Qu'est-ce que le sep? — Le *sep* D est cette partie de la charrue, qui glisse au fond du sillon, et sert pour ainsi dire, de support et de lien aux diverses pièces dont l'instrument se compose. Le plus ordinairement, on le construit en bois de chêne ou de hêtre, mais pour qu'il

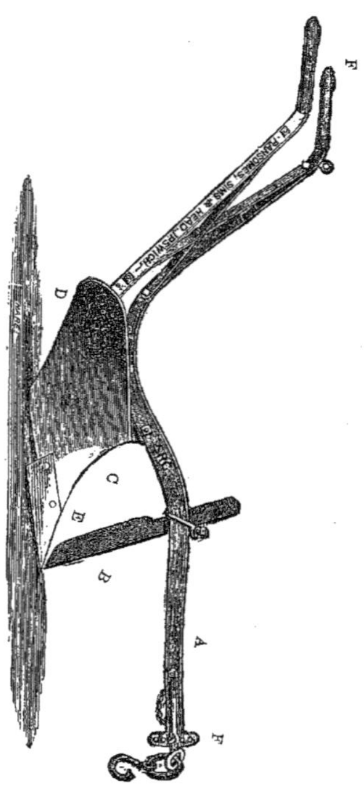
F
F
A
B
C
D
E

semence et les engrais pulvérulents, à enlever les racines et les herbes nuisibles, enfin, à remuer et à déplacer les graines non enterrées ou trop enterrées.

Quelles sont les conditions que doit présenter une bonne herse ? — Les conditions que doit présenter une bonne herse sont les suivantes : 1° les dents doivent être assez éloignées les unes des autres pour que la terre ne s'amasse pas dans leur intervalle ; 2° il faut qu'elles soient placées de manière que les raies qu'elles tracent sur le sol soient à une égale distance les unes des autres ; 3° chaque dent doit faire sa raie particulière, afin que la raie de l'une ne soit pas confondue avec la raie de l'autre. Dans presque toutes les herses triangulaires, cette dernière condition n'est pas observée.

Quelles sont les herses préférées ? — Les herses préférées sont généralement celles de *Valcourt*, à losange, ayant 1m, 30 de longueur et 1 mètre de largeur.

Comment attelle-t-on les bestiaux à la herse ? — Une herse est ordinairement balancée soit par les mottes de terre, soit par les pierres qu'elle rencontre, soit par l'inclinaison du terrain. Pour combattre cette déviation, ces balancements, on attelle les bestiaux, non au milieu de la chaîne, mais un peu vers la droite. De la sorte, le travail de la herse est beaucoup plus régulier.

Qu'est-ce que l'extirpateur ? — *L'extirpateur*, composé de cinq, de sept ou de neuf socs disposés sur deux rangs, est un instrument qui sert à remuer la terre de manière qu'aucune partie n'échappe à son action. Il est très énergique pour l'ameublissement du sol, et il a quelque analogie avec la herse.

L'extirpateur est-il préférable à la herse ? — L'extirpateur est préférable à la herse pour arracher les mauvaises herbes et les racines qui infestent un champ, qu'on veut défricher, et pour recouvrir les semences qui demandent à être fortement couvertes de terre. Si le sol a été labouré à l'automne, l'extirpateur peut avantageusement remplacer la charrue pour les labours qui se font au printemps.

TRENTE-CINQUIÈME LEÇON.

De la houe à cheval, du Rouleau et du Buttoir.

Qu'est-ce que la houe à cheval ? — La *houe à cheval* est un instrument destiné à donner les façons nécessaires aux plantes sarclées : composée d'un cadre où sont attachés un soc et des coutres, au nombre de quatre, elle a aussi des mancherons avec lesquels on peut facilement la diriger. « Les ailes sont munies de coutres pouvant s'éloigner à volonté, selon que l'exige la distance existant entre les rangées des plantes.

La houe à cheval est-elle bien utile aux cultivateurs ? — Les cultivateurs qui ont beaucoup de plantes sarclées, doivent trouver dans la houe à cheval un auxiliaire puissant, surtout en ce moment, où la main-d'œuvre est rare et fort chère.

Quelle est la meilleure de toutes les houes à cheval ? — La meilleure de toutes les houes à cheval est, sans contredit, celle de Mathieu de Dombasle : toutes les autres, fabriquées depuis, en dérivent.

Qu'est-ce que le rouleau ? — « Le *rouleau*, est un instrument formé d'une pièce de bois cylindrique reposant sur deux axes de fer auxquels s'adaptent les brancards destinés à atteler les bestiaux ou les chevaux qui doivent le traîner. »

Combien y a-t-il de sortes de rouleaux ? — Il y a des rouleaux en bois, en pierre et en fonte, tous cylindriques ; mais lorsque les cylindres, au lieu de présenter une surface unie, sont armés de chevilles ou de dents de fer, on les appelle *rouleaux à pointes* ou *rouleaux-brise-mottes*. On a imaginé encore des rouleaux plus énergiques que ces derniers : ce sont ceux qui sont à *disques tranchants* et à *disques dentés* d'origine anglaise.

Qu'appelle-t-on rouleaux à disques tranchants ? — On appelle rouleaux à disques tranchants des rouleaux qui se composent d'un certain nombre de disques un peu tranchants et séparés par des rondelles d'un diamètre un peu plus petit. Il est monté sur une tige en fer. C'est à Mathieu de Dombasle qu'est dû l'honneur de l'avoir introduit en France.

Qu'appelle-t-on rouleaux à disques dentés ? — On nomme rouleaux à disques dentés des rouleaux ayant un certain nombre de roues en fonte d'un diamètre de $0^m,60$ à $0^m,80$ centimètres, dentelées à leur circonférence et s'emmanchant les unes à côté des autres dans un axe commun, sans autre précaution pour les fixer. Le plus avantageux de tous les rouleaux à disques dentés est celui de Crosskill.

L'utilité des rouleaux est-elle bien reconnue ? — Lorsqu'un terrain a été bêché ou labouré, il est divisé en mottes irrégulières, plus ou moins grosses, laissant entre elles des vides considérables. Tout en facilitant l'aération du sol, cette disposition serait défavorable aux semailles. Il est encore des terrains qui, se soulevant par l'action de la gelée, se fractionnent en un nombre plus ou moins grand de parties solides. Dans ces deux cas, il est nécessaire d'écraser les mottes et d'aplanir le terrain. Dans la petite culture, on obtient bien ce résultat en brisant les mottes et les boursouflures du sol, mais, dans la moyenne comme dans la grande culture, ce travail serait très long et très coûteux. On a alors recours au rouleau.

Qu'est-ce que le buttoir ? — Le *buttoir* est une sorte de charrue à laquelle on adapte deux versoirs pouvant s'écarter selon le besoin. Il sert à butter toutes les plantes sarclées. On reconnaît qu'il fonctionne bien lorsque, relevée des deux côtés, la terre ne présente qu'une arête au milieu. Pour que le buttage soit plus profond, on peut rapprocher davantage les deux versoirs de l'instrument. Ce travail peut se répéter plusieurs fois ; mais alors, on met, entre chaque buttage, un intervalle de dix à quinze jours.

TRENTE-SIXIÈME LEÇON

Du Semoir et du Scarificateur.

Qu'est-ce que le semoir ? — On appelle *semoir* un instrument spécial destiné à répandre les semences sur le sol. Autrefois, ces dernières étaient semées ou *à la volée* et *à la main*, ou en *lignes*. Le premier système est le plus ancien et le plus usité : il se fait tantôt avec les deux mains, tantôt avec une seule main ; et, suivant qu'on suit l'une ou l'autre méthode, on porte la semence dans une corbeille suspendue au cou, ou dans une espèce de tablier ayant la forme d'un sac.

Ces différentes manières de semer présentent-elles des inconvénients ? — Il est incontestable que ces différentes manières de semer présentent les plus grands inconvénients : la semence n'est pas partout distribuée en quantité convenable et d'une manière égale et régulière. Il en résulte que certaines parties du terrain en reçoivent trop, tandis que d'autres n'en ont pas assez. De plus, toutes les graines ne sont pas enfouies à la profondeur qui leur convient, de manière que les unes ne germent pas parce qu'elles sont trop profondes, et les autres, parce qu'elles le sont trop peu.

Quels sont les semoirs qui offrent le plus d'avantages ? — Les semoirs qui offrent le plus d'avantages sont ceux qui, mus par les bœufs ou les chevaux, répartissent les graines d'une manière uniforme, les déposant à la même profondeur et à la même distance les unes des autres ; et, les recouvrant en général, aussitôt après les avoir déposées dans le sol. De la sorte, les binages se font toujours plus régulièrement ; mais, vu leur prix très élevé, l'usage de ces instruments ne peut se généraliser. Les semoirs les plus recommandés sont ceux de *Dombasle* et de *Garett*.

Qu'est-ce que le scarificateur ? — Le *scarificateur* est un instrument qui tient le milieu entre la herse et la charrue : il est plus énergique que la première ; mais il l'est beaucoup moins que la seconde. Le scarificateur est appelé à rendre de grands services à l'agriculture ; il sert à ameublir le sol à une profondeur de 0^m10 à 0^m15 centimètres ; les pieds pénètrent dans la terre sans la retourner. On ne peut guère l'utiliser avantageusement que par un temps sec.

Il existe encore un grand nombre d'instruments agricoles d'une utilité incontestablement reconnue ; mais, pour ne pas sortir du cadre que nous nous sommes tracé, nous nous bornerons seulement à donner ici l'indication des principaux, avec les prix et les noms des inventeurs ou des fabricants.

Tableau des principaux instruments aratoires.

NOMS DES INSTRUMENTS.	PRIX des INSTRUMENTS.	NOMS DES INVENTEURS OU DES FABRICANTS.
Araire ou charrue sans av.-train.	60f »	Dombasle.
Charrue à roues inégales. . .	de 95 à 150 »	Bodin.
Charrue pour sol léger, n° 1. .	85 »	Howard.
Charrue pour labour de 15 à 18 c.	120 »	Id.
Charrue de 15 à 22 c. pour 2 ch.	160 »	Id.
Charrue de 15 à 22 c. pr 2 ou 4 ch.	172 »	Id.
Charrue de 25 à 28 c. pr 3 ou 6 ch.	180 »	Id.
Charrue défonceuse.	290 »	Id.
Herse.	40 »	Valcourt.
Herses de tous systèmes. . . .	de 80 à 350 »	Howard.
Rouleaux id.	de 70 à 800 »	Crosskill.
Semoirs id.	de 200 à 1200 »	Garrett.
Houe à expansion.	de 100 à 150 »	Id.
Houe à cheval légère.	220 »	Id.
Houes à cheval de tous systèmes.	de 400 à 610 »	Id.
Faucheuse.	675 »	Wood.
Faucheuse.	de 575 à 675 »	Samuelson et Cie.
Faucheuse avec appareil à moissonner.	800 »	Id.
Moissonneuse avec deux lames.	1000 »	Id.
Moissonneuse-Simplex. . . .	1000 »	Id.
Moissonneuse-Omnium. . . .	1000 »	Id.
Moissonneuses diverses. . . .	de 1000 à 1500 »	Wood.
Machines à battre, locomobiles.	de 3300 à 8000 »	Garrett.
Hache-paille à bras.	de 75 à 85 »	Id.
Coupe-racines.	de 100 à 200 »	Id.
Laveurs de racines.	de 220 à 320 »	Crosskill.
Concasseur de grains.	de 85 à 290 »	Id.
Faneuse.	525 »	Howard.
Faneuse plus petite.	425 »	Id.
Râteaux à cheval.	de 290 à 330 »	Id.
Râteaux automatiques	de 350 à 470 »	Id.

CHAPITRE ONZIÈME

TRENTE-SEPTIÈME LEÇON

De la Profondeur des labours.

Quelle doit être la profondeur des labours ? — On a remarqué que, dans une terre cultivée à la bêche, les récoltes sont généralement plus belles que dans celle qui est cultivée à la charrue. Cela provient, évidemment, de la profondeur du labour donné au terrain.

Dans un terrain d'une certaine étendue peut-on employer la bêche ? — On ne peut, en effet, employer la bêche que dans un terrain d'une petite étendue ; mais, plus on approchera, avec la charrue, de la profondeur de ce labour, plus aussi on pourra espérer avoir le même résultat.

Quel est le terrain le plus fertile ? — La terre est d'autant plus fertile que la couche arable a plus d'épaisseur, surtout pour la culture des plantes à racines pivotantes. Le moyen d'augmenter cette épaisseur du sol est d'amener à sa surface une partie du sous-sol, qui est converti bientôt lui-même en terre végétale par son exposition au soleil et à l'air, dont il reçoit alors les impressions favorables, par son mélange avec le sol et avec les engrais.

Comment doit-être le labour ? — Plus la terre est argileuse et forte, plus le labour doit être profond parce qu'alors on la divise davantage et on la rend plus légère. Les racines des plantes pénètrent plus profondément dans la terre, et elles absorbent, de la sorte, une plus grande quantité de sucs propres à leur végétation.

TRENTE-HUITIÈME LEÇON

Des Plantes épuisantes et des Plantes améliorantes.

Quelles sont les plantes épuisantes ? — Les *plantes épuisantes* sont celles qui, vivant aux dépens du sol, absorbent la plus grande partie de l'humus qu'il contient : telles sont, par exemple, les céréales, le colza, le chanvre, le lin, les choux, les betteraves, les pommes de terre, etc. ; en un mot, toutes celles dont les racines sont traçantes.

Quelles sont les plantes améliorantes ? — Les *plantes améliorantes* sont celles qui tirent principalement leur nourriture de l'air, et qui laissent à la terre beaucoup de débris sans lui enlever beaucoup de ses principes nutritifs. Telles sont : la luzerne, le sainfoin, le trèfle, la spergule, les vesces et toutes les plantes qui composent les prairies naturelles lorsqu'elles sont coupées avant leur complète maturité.

Qu'appelle-t-on plantes nettoyantes ? — On appelle *plantes nettoyantes*, certaines plantes qui favorisent la destruction des mauvaises herbes : on doit comprendre dans ce nombre, les fèves, les betteraves, les pommes de terre, les choux, les carottes, etc. ; toutes les plantes qui demandent de nombreux sarclages et binages peuvent être considérées comme plantes nettoyantes.

Qu'appelle-t-on plantes salissantes ? — On nomme *plantes salissantes* celles qui, en se développant dans la terre, donnent naissance à une infinité de mauvaises herbes empêchant la réussite des premières plantes. Le froment, le seigle, l'orge, l'avoine, etc. sont, de ce nombre

De la Jachère.

Qu'est-ce qu'on entend par jachère ? — On entend par *jachère* le repos dans lequel on laisse la terre pour lui permettre de reprendre les principes fertilisants qu'elle a perdus par la production successive de récoltes épuisantes. La jachère peut être partielle ou complète : elle est partielle, lorsque la terre ne reste en repos que pendant six mois ; elle est complète, lorsque la terre ne produit aucune culture pendant une ou plusieurs années.

Que doit-on faire pendant que la terre est en jachère ? — Pendant que la terre est en jachère, on doit lui donner un hersage énergique et après, un fort labour à la charrue. Cette opération doit être continuée en mars et en avril. De la sorte, on détruit complètement les herbes parasites, et on prépare le terrain, en le soumettant aux influences atmosphériques, à bien recevoir la semence qu'on doit lui confier.

Dans une culture bien entendue, la jachère a-t-elle sa raison d'être ? — Dans une culture bien entendue, la jachère ne doit pas exister : cependant, on y a recours lorsque le terrain est rempli de mauvaises herbes ou lorsqu'il est tellement argileux qu'on n'a pas assez de temps pour pouvoir le travailler. Ce système peut être appliqué dans les terrains pauvres ; mais dans ceux qui sont riches et productifs, la jachère doit toujours être remplacée par une plante fourragère.

TRENTE-NEUVIÈME LEÇON

—

Des Assolements.

Qu'est-ce qu'on entend par assolements? — On entend par assolements, la distribution en *soles* des terres dont se compose une exploitation rurale.

Qu'est-ce qu'assoler un terrain? — *Assoler* un terrain, c'est le diviser en soles.

Qu'est-ce que dessoler un terrain? — *Dessoler* un terrain, c'est changer l'ordre dans lequel se succèdent toutes les cultures.

Qu'appelle-t-on sole? — On appelle *sole*, la partie des terres occupée par telle ou telle culture à un moment donné, et destinée à recevoir, pendant un nombre déterminé d'années, des cultures de végétaux se succédant périodiquement. Ainsi, par exemple, l'assolement biennal se divise en deux soles; l'assolement triennal se divise en trois, et ainsi de suite.

En quoi consiste la théorie des assolements? — La théorie des asolements repose sur les faits suivants : « Toutes les plantes que nous cultivons ont besoin d'alcalis et de terres alcalines, chacune dans une certaine proportion. Les céréales ne prospèrent pas sur un terrain dépourvu d'*acide silicique* à l'état soluble. Le froment, par exemple, la plus épuisante des céréales, prend à la terre une grande quantité de silice soluble pour la formation de sa paille, et de phosphate de chaux pour celle de son grain. Mais, d'autre part, les pommes de terre et les navets n'enlèvent pas à la couche arable une seule molécule de silice ; les pois, les fèves et les autres légumineuses sont dans le même cas. En conséquence, si, après une récolte de froment qui a épuisé toute la silice contenue dans un terrain, et qui a rendu ce dernier incapable de porter une seconde récolte de céréales, on cultive des navets ou d'autres végétaux n'ayant pas besoin de silice, on obtiendra du sol de nouveaux produits ; et, néanmoins, pendant ce temps, la terre deviendra capable de produire une récolte ultérieure de froment, parce que, sous l'influence des agents atmosphériques, une nouvelle portion des silicates contenus dans le sol aura passé à l'état soluble. »

Que conclure de ce qui précède? — De ce qui précède, on peut établir les lois suivantes :

1re Il faut faire précéder et suivre une culture épuisante par une culture améliorante de manière que la terre se repose et reprenne ses propriétés fertilisantes ;

2e Il faut, le plus possible, faire succéder une plante d'une même espèce à une plante d'une espèce différente ;

3e Aux cultures qui facilitent le développement des mauvaises herbes, il faut faire succéder des récoltes qui les détruisent ou qui les empêchent de se produire.

4e Il faut distribuer les récoltes de telle façon qu'entre la récolte d'une plante et la semaille de celle qui vient après, on puisse donner à la terre toute la préparation désirable.

Quel est l'assolement le plus suivi ? — En France, on suit généralement l'*assolement alterne quadriennal*, qui a pour loi de ne jamais semer deux céréales à la suite l'une de l'autre et d'intercaler dans la rotation de quatre ans une culture sarclée de racines fourragères, telles que carottes, pommes de terre, betteraves, etc., et un trèfle qui précède la seconde récolte de blé. La culture sarclée offre cet avantage qu'elle exige des travaux d'ameublissement profonds. Cette culture détruit complètement les mauvaises herbes et laisse la terre dans le meilleur état possible pour recevoir les céréales.

L'utilité des assolements est-elle bien reconnue? — L'utilité des assolements, en agriculture, est incontestablement reconnue : tous les agronomes distingués comprennent l'indispensable nécessité de soumettre toutes les terres cultivees a un assolement rationnel, afin d'en obtenir les plus riches produits en conservant et en augmentant la valeur fonciere du sol arable qu'il faut respecter, menager et accroître le plus possible. C'est là la base de toute la fortune publique

---

QUARANTIÈME LEÇON

De l'Écobuage.

Qu'est-ce que l'écobuage? — L'*écobuage* est cette opération qui consiste a écroûter la surface du sol avec un instrument appelé *écobue*, sur une longueur de 0m, 30 à 0m, 40 centimetres et sur une épaisseur de 0m,2 a 0m,4 décimètres. Les tranches, ainsi faites, sont retournées plusieurs fois pour les faire sécher ; et, lorsqu'elles sont bien sèches, on les met en tas pour les faire brûler. Quand le feu est éteint, on répand la cendre à la surface de la terre qu'on mélange a cette dernière par un labour profond. On peut ensuite semer la céréale destinée à ce terrain.

Quel est le but de l'écobuage? — Le but de

l'écobuage est de modifier la nature physique et chimique d'un terrain : celui auquel il convient le mieux, « c'est le sol tourbeux, les marais nouvellement desséchés, les terres trop fortes et trop humides ; en un mot, tous les sols où se trouvent en grande quantité des matières végétales non décomposées. »

A quelle époque doit-on pratiquer l'écobuage? — L'écobuage se pratique ordinairement au printemps ou en été ; mais toujours par un temps sec et chaud. Dans la Dordogne et dans les départements du midi de la France, on écobue très peu : c'est surtout dans les pays pauvres, manquant de fumiers, que l'opération de l'écobuage se fait sur une vaste échelle.

Ce genre d'amendement est-il durable sur les terrains? — Les terrains, ainsi amendés, produisent, la première année, une récolte assez abondante ; mais il est nécessaire de les fumer ensuite, car ils perdraient rapidement tous les avantages de ce genre d'amendement.

Défrichement. Défoncement.

Qu'est-ce que défricher? — *Défricher*, c'est convertir en terre propre à la culture une terre auparavant inculte : c'est en arracher les mauvaises herbes, les broussailles, les ronces et les bois pour la faire produire ensuite. Cette opération s'appelle *défrichement*.

Est-il nécessaire de défricher toutes sortes de terrains? — Evidemment non, il n'est pas nécessaire de défricher toutes sortes de terrains ; mais, en France, il se trouve de grandes étendues de *friches* ne produisant absolument rien, et qui, cependant bien travaillées, donneraient d'excellentes récoltes. Encourager les agriculteurs à entrer dans cette voie, serait augmenter la richesse du pays et donner à l'agriculteur des terrains qui, jusqu'alors, n'avaient produit que des ronces et des épines.

Existé-t-il de ces terrains dans la Dordogne? — En effet, il existe, dans la Dordogne, peut-être plus qu'ailleurs, beaucoup de terrains qui produiraient d'abondantes récoltes si la négligence des cultivateurs et le manque de bras ne les laissaient dans l'abandon le plus complet.

Qu'est-ce que défoncer? — *Défoncer*, c'est ôter, enlever le fond de la terre : c'est la retourner, soit à la bêche à une profondeur de $0^m,40$ à $0^m,50$ centimètres, soit à la charrue appelée, pour cette raison, défonceuse.

Comment procède-t-on pour défoncer à la bêche? — Pour défoncer à la bêche, on ouvre un fossé large de $0^m,40$ centimètres. « La terre sortie de ce fossé est placée en face de l'ouvrier pour être ensuite transportée dans le dernier fossé. On en ouvre un second de même dimension, et la terre qui en provient sert à combler le premier. » On place au fond le gazon de la surface, et l'on continue ainsi cette opération jusqu'à la fin du *défoncement*.

Comment procède-t-on pour défoncer à la charrue? — Défoncer à la charrue, c'est donner à la terre un labour très profond. « Ce travail étant très pénible, on doit nécessairement employer plusieurs chevaux ou plusieurs paires de bœufs pour traîner la charrue. Des ouvriers creusent un sillon avec la bêche et jettent la terre par-dessus celle qui a été retournée par la charrue. Quoique plus expéditif, ce mode est néanmoins moins avantageux que le premier. »

QUARANTE-UNIÈME LEÇON

Du Drainage.

Qu'est-ce que le drainage? — Le *drainage*, mot anglais, signifie : égouttement, desséchement; c'est le travail par lequel on pratique dans le sous-sol une canalisation souterraine pour débarasser les terrains d'une humidite trop surabondante.

L'utilité du drainage est-elle bien reconnue? — L'utilite du drainage est incontestablement reconnue. Cette opération, d'ailleurs si simple en elle-même, exerce sur les phénomenes de la vegétation, et sur les travaux de la culture elle-même une influence qui tient quelquefois du prodige « Le rapide écoulement des eaux de pluie à travers le sol, a dit un savant ingénieur, et l'abaissement des eaux stagnantes, qu'elle qu'en soit l'origine, à une profondeur suffisante pour ne plus nuire au développement des racines, sont les deux résultats directs et immédiats d'un drainage bien fait. De ces deux premiers effets, résultent : une moindre évaporation à la surface de la terre ; un accroissement notable de la chaleur du sol ; une modification profonde de la constitution de la couche arable, qui a moins de tendance à se fendre et conserve plus de fraîcheur pendant l'été ; une augmentation énorme de la fertilité par l'introduction dans la terre des gaz et des substances les plus nécessaires au développement des récoltes ; et, enfin, une amélioration considérable dans l'état sanitaire de toutes les localités où les travaux de cette espece ont été executés sur une assez grande échelle. »

En quoi consistent les travaux du drainage? — « Les travaux du drainage consistent à ouvrir, dans le sol, qu'il s'agit d'assainir, une série de tranchées très étroites et profondes d'un mètre environ, au fond desquelles on dispose des tuyaux en poterie, placés bout à bout à la suite les uns des autres et recouverts avec la terre extraite des tranchées. Les tuyaux communiquent ensemble et débouchent à l'air libre au point le plus déclive de chaque rigole. L'eau en excès imprégnant le sol arrive, par infiltration, jusqu'à ces tuyaux, s'y introduit à travers les joints existant entre leurs extrémités, s'y accumule et finit par s'écouler en suivant la pente qu'on leur a donnée. »

Avant ce mode de drainer les terrains, n'en connaissait-on pas un autre encore mis en pratique de nos jours ? — Avant ce mode de drainage nos cultivateurs en connaissaient un autre qui consiste à creuser des fosses profondes d'un mètre à un mètre cinquante centimètres, et à les remplir de pierres jusqu'au niveau de la couche arable ; mais ce moyen, impraticable la plupart du temps par le manque de pierres, est toujours plus long et beaucoup plus dispendieux.

Quels sont les terrains qu'il convient de drainer ? — « Les terres qu'il convient de drainer sont celles sur lesquelles on remarque des flaques d'eau après la pluie. Les trous que l'on y creuse, même après une longue sécheresse, présentent des suintements d'eau ; au printemps surtout, on y remarque des parties plus foncées que l'ensemble du terrain ; le matin, on y voit souvent des vapeurs abondantes. La végétation est languissante, peu hâtive ; les tiges des plantes jaunissent, en partant du pied, longtemps avant la maturité ; après quelques mois de jachère, la surface du sol se recouvre plus ou moins complètement d'une sorte de petite mousse ; enfin, les joncs, les laîches, les prêles, les renoncules, les colchiques d'automne, etc., s'y rencontrent en grand nombre. »

Pour le drainage d'une terre, quels sont les drains à employer ? — « Pour le drainage d'un terrain, on emploie généralement trois sortes de drains, c'est-à-dire des tuyaux de trois grosseurs différentes. On appelle : 1° *petits drains ou drains du dernier ordre* les tuyaux du plus petit calibre, destinés à recueillir directement les eaux dont le sol est imprégné ; 2° les *drains collecteurs* ou *drains principaux de premier ordre* sont ceux qui reçoivent les eaux absorbées par les précédents, et vont eux-mêmes les porter à d'autres drains d'un diamètre plus considérable, appelés, 3° *collecteurs de deuxième ordre*. Les plus gros drains employés reçoivent le nom de *maîtres-drains;* ce sont eux qui font la fonction de tuyaux de décharge. »

Est-il bien facile de drainer un terrain ? — Le drainage d'un terrain n'est pas toujours une opération bien facile : « Il faut d'abord procéder au lever et au nivellement de ce dernier, car c'est seulement d'après les données fournies par ce travail qu'on peut arrêter la direction et la pente des tranchées ; et, s'il s'agit d'assainir de grandes étendues de terrain, déterminer la longueur qu'on peut lui donner. C'est d'après la connaissance des diverses couches dont se compose le sol, qu'on arrête la profondeur et la direction des tranchées, leur écartement et la manière de se débarrasser des eaux. A ce sujet, il n'existe aucune règle absolue. Cependant, pour économiser sur les frais de fouille et de remblai, on fait les tranchées aussi étroites que possible, au moins supérieurement ; car il faut que le fond, ait la largeur nécessaire pour y placer les tuyaux ou les matériaux devant livrer passage à l'eau On leur donne ordinairement de 0^{m},30 à 0^{m},70 de largeur au sommet pour toute espèce de drains. Au fond, cette largeur est seulement de 0^{m},10 a 0^{m},20 pour les drains principaux, et de 0^{m},06 à 0^{m},07 pour les plus petits. »

Quelle doit être la pente à donner aux tuyaux ? — « La pente à donner aux tuyaux doit être de 0m,002 par mètre ; mais si l'écoulement se fait avec lenteur, il convient d'adopter en minimum une inclinaison de 0m,005, si les drains sont longs et si les tuyaux n'ont que 0m,025 à 0m,030 de diamètre intérieur. » L'espacement des drains peut être de 2 à 10 mètres, selon le degré d'humidité que renferme le terrain.

A quel prix peut s'élever le drainage d'un hectare de terrain ? — « Pour assainir un hectare de terre ou de prairie par le drainage, on évalue la dépense, d'après certaines expériences sûres, de 200 à 300 francs, s'il n'y a aucune difficulté de terrain ; mais si ce dernier présente quelque difficulté, elle peut atteindre le chiffre de 1000 francs. D'ailleurs, les avantages qu'on retire d'un drainage bien entendu compensent toujours les avances qu'on a été obligé de faire. »

CHAPITRE DOUZIÈME

QUARANTE-DEUXIÈME LEÇON

De la Vigne.

Qu'est-ce que la vigne ? — La *vigne* est une plante sarmenteuse avec le fruit de laquelle on fait le vin.

La culture de la vigne est-elle bien importante ? — La culture de la vigne est, en effet, de la plus grande importance : en France, elle s'étend sur deux millions d'hectares de terre, et ses produits se placent au second rang parmi ceux que fournit l'agriculture. Faciliter les transports par des débouches plus nombreux, créer de nouvelles plantations de vignes, c'est accroître chaque jour cette importance.

Quels sont les terrains qui conviennent le plus à la culture de la vigne? — Les terrains qui paraissent le plus convenir a la culture de la vigne sont ceux qui sont calcaires, secs et chauds. Les sols argileux et ceux qui sont trop riches présentent de graves inconvénients à la culture de cette plante si précieuse. Elle se plaît principalement dans les coteaux. Un auteur a dit : « La vigne aime les coteaux; c'est là que le raisin croît sa fibre sèche, pleine de finesse et de sève ; qu'il puise cette eau végétale, ce tartre si éminemment balsamique ; c'est là qu'il rencontre cet heureux ensemble de principes qui, exerçant les uns sur les autres une action bienfaisante et organisatrice, établissent le tempérament du vin dans un équilibre parfait, lui donnent une qualité supérieure et assurent sa conservation. Le terrain sera en pente ; l'inclinaison la plus favorable est de 45 degres. »

La position des terrains influe-t-elle sur le développement de la vigne? — En effet, la position des terrains influe considerablement sur le développement de la vigne. Les expositions les plus favorables a cette plante sont celles de l'est, du sud-est, du sud ; puis celles du nord-est et du nord ; enfin, en dernière ligne, les expositions du nord-ouest, de l'ouest et du sud-ouest.

Qu'est-ce qu'on entend par cep, sarment, pampre, bourgeon, courson et cépage? — La souche ou tige de la vigne reçoit le nom de *cep;* les rameaux allonges celui de *sarments;* la branche de vigne, *pampre;* la pousse de l'année, *bourgeon:* on appelle *courson* le sarment rabaissé par la taille a un ou deux yeux, c'est-a-dire cette partie de la branche conservée par la taille, et *cépage* ou *complant*, chaque variété de raisin.

QUARANTE-TROISIÈME LEÇON

De la Vigne (SUITE)

Multiplication de la Vigne.

Comment multiplie-t-on la vigne? — La vigne se multiplie ou par *boutures*, ou par *crossettes*, ou par *marcottes*, ou par *greffes*, ou par *semis*.

Qu'est-ce que la bouture? — La bouture n'est autre chose qu'un sarment de l'année que l'on enfonce perpendiculairement dans la terre, à une profondeur de 0m,40 à 0m,50 centimètres, tout en ayant soin de laisser un ou deux yeux au dehors; mais avant de commencer cette opération, il est bon, pour activer la végétation, de le laisser tremper dans l'eau pendant plusieurs jours. De la sorte, il réussit presque inévitablement.

Qu'est-ce que la crossette? — Comme la précédente, la crossette est un sarment qui contient, à son extrémité, du bois de l'année d'auparavant. Elle reussit fort bien et croît plus vite que la bouture. Elle vaut donc mieux que cette dernière.

Qu'est-ce que la marcotte? — Courber un sarment en terre pour lui faire pousser des racines, c'est donner naissance a la marcotte. Plus expéditif et en même temps plus facile, ce moyen donne toujours les meilleurs sujets.

« La préparation de la marcotte se fait en courbant le sarment dans la terre a une profondeur de 0m,08

0m,10 qu'on y fixe avec un crochet en bois. On a soin de recouvrir et de rabattre le sarment à deux yeux en supprimant tous ceux qui se trouvent entre le cep et le point où le sarment entre dans la terre. »

A quelle époque doit-on préparer les marcottes ? — Les marcottes se préparent ordinairement au printemps : elles sont constamment arrosées pendant l'été ; et, à l'automne suivant, on peut les planter.

La greffe et les semis sont-ils souvent employés? — Rarement employés, la greffe et les semis présentent de sérieux inconvénients au double point de vue des résultats incertains qui en découlent et de la lenteur du plant à fructifier. Il est à croire que les cultivateurs ne tarderont pas à les abandonner.

QUARANTE-QUATRIÈME LEÇON

De la Vigne (SUITE).

De la Plantation de la Vigne.

Combien existe-t-il de moyens en usage pour la plantation de la vigne ? — Pour planter la vigne, il existe trois modes principaux, savoir : 1° à la *barre* ; 2° en *fossettes* ; 3° en *augets* ou en *augeots*

Comment fait-on la plantation à la barre ?— Planter à la *barre*, c'est se servir d'une barre de fer aiguisée à l'une de ses extrémités ; c'est faire des trous profonds d'environ 0m,30 a 0m,50 et y introduire ensuite le plant ; mais, pour que ce mode réussisse convenablement, il est nécessaire, indispensable même, que le terrain soit débarrassé de toutes les mauvaises herbes, telles que le chiendent, les ronces, etc. et qu'il soit bien préparé, soigneusement amendé par des labours très profonds ou par un défoncement à la bêche, car les racines de la vigne tendent à s'enfoncer profondément. On favorise ainsi cette tendance en ameublissant convenablement le sol qui lui est destiné.

Comment fait-on la plantation par fossettes ? — Planter par *fossettes*, c'est creuser des trous ou petites fosses longues de 0m,40, larges de 0m,30 et profondes de 0m,30 à 0m,40. Placées sur un terrain dépourvu de principes fertilisants, les fossettes valent mieux que la plantation à la barre : le plant trouve une terre plus meuble pour le développement de ses racines ; il peut être d'ailleurs mieux entouré par une plus grande quantité d'engrais.

Comment fait-on la plantation par augets ou augeots ? — Planter par *augets ou augeots*, c'est faire des trous de même dimension que les fossettes, s'étendant d'un bout du champ à l'autre. Ordinairement, on place au fond des augets une couche de terreau ou de végétaux ligneux et l'on recouvre ensuite.

Dans certaines contrées du midi, on espace chaque ligne de vigne de 3, 4, 5 et même 10 mètres : c'est ce qu'on nomme la plantation en *joualles* ; mais dans les autres partie de la France, cette manière de procéder ne conviendrait pas du tout à cause de la température, qui est moins élevée que dans le midi.

QUARANTE-CINQUIÈME LEÇON

De la Vigne (SUITE).

Des soins à donner à la Vigne.

Quels sont les premiers soins à donner à la vigne ? — Les premiers soins à donner à la vigne consistent d'abord dans le *déchaussement* et ensuite dans la *taille*. Les binages à la main ou à la houe sont aussi fortement recommandés.

Qu'est-ce que le déchaussement de la vigne ? — « *Déchausser* la vigne, c'est enlever une certaine quantité de terre autour du cep, rogner les racines superficielles et procéder a *l'essartage*, c'est-à-dire à l'enlèvement des rejetons qui peuvent avoir poussé du collet de la plante. »

Comment taille-t-on la vigne ? — La taille de la vigne est très délicate : dès l'hiver qui suit la plantation, on doit la commencer. « A cette époque, chacun des jeunes plants est pourvu d'un à trois sarments. On les supprime tous, moins un, le plus près de terre, que l'on taille sur deux boutons. Ces deux boutons se développent et produisent, l'année suivante, deux sarments auquels on ne laisse que deux bourgeons. Cette taille donne quatre sarments qui forment les bras ou branches de la vigne. Chacun des quatres sarments est taillé à deux yeux. Pour les cépages plus vigoureux, on porte le nombre des bras à six en faisant bifurquer l'année suivante, deux des quatres sarments conservés. A partir de ce moment, la vigne est formée, et, chaque année, on supprime sur chacune des branches tous les sarments, sauf le moins élevé que l'on taille au-dessus du second œil. »

Quelle est l'époque à laquelle il convient de tailler la vigne ? — Depuis la chute des feuilles jusqu'à la reprise de la végétation, on peut tailler la vigne. Cependant, à en juger par ce qui se pratique dans les grands vignobles, la taille d'hiver est préférable : elle a pour effet d'activer la pousse de la vigne et de moins l'exposer aux gelées tardives. Les vignes qui, par leur situation, sont plus sujettes à ces dernières, ne doivent être taillées qu'en mars ou en avril.

Quels sont les instruments dont on se sert pour la taille de la vigne ? — Les instruments en usage pour la taille de la vigne sont la serpette et le sécateur. La serpette a l'inconvénient d'ébranler le cep et par suite les racines, tandis que le sécateur, quoique sa coupe soit moins nette, a l'avantage d'être beaucoup plus expéditif. La coupe qui se fait en biseau, doit être pratiquée à $0^m,01$ ou $0^m,02$, centimètres du dernier bourgeon.

Quels sont les travaux à donner à la vigne? — Les travaux que l'on doit donner à la vigne consistent en des labours, des binages et des sarclages habilement faits. On doit cependant éviter de les exécuter par un temps humide et d'endommager les tiges inférieures. Le *houage ou fossouage* se fait au moyen d'un hoyau, ou houe fourchue. Ce travail, qui a pour but de retourner la terre et de la débarrasser des mauvaises herbes, peut aussi se faire à la charrue. En mai ou juin, lorsque les bourgeons ont $0^m,05$ à 06, on donne un second binage à la terre et on la ramène autour des ceps. Seule, la charrue peut faire le travail. Vers cette époque, on peut ou bêcher ou labourer la terre comprise entre chaque rang. Pendant l'été, selon que l'état, du sol l'exige, la vigne reçoit plusieurs binages s'exécutant, la plupart du temps, avec des houes à cheval construites à cet usage; mais il est nécessaire, pour que ce travail se fasse dans de bonnes conditions, que la vigne soit *échalassée*. Si elle n'est pas soutenue, ces binages, ne peuvent se faire qu'à la main, et, à cause de la rareté des bras, ils deviennent très onéreux.

N'y-t-il pas encore d'autres soins à donner à la vigne ? — Les autres soins à donner à la vigne sont : 1° l'*ébourgeonnement*; 2° l'*épamprage*; 3° l'*effeuillage*; 4° le *remplacement des ceps morts*, etc.

Qu'est-ce que l'ébourgeonnement ? — L'*ébourgeonnement* n'est autre chose que la suppression des bourgeons qui ne portent pas de fruits, ainsi que ceux qui ne seraient pas utiles à la taille de l'année suivante.

Qu'est-ce que l'épamprage? — « L'*épamprage* a pour but de raccourcir le sarment au-dessus du dernier œil. » Cette opération se fait à la fin d'août ou au commencement de septembre ; elle active la maturité et la rend plus parfaite.

Qu'est-ce que l'effeuillage? — L'*effeuillage* consiste à enlever les feuilles qui masquent les grappes. Recevant plus directement les rayons du soleil, le raisin mûrit plus promptement et acquiert toutes les qualités dont il a besoin.

Comment remplace-t-on les ceps morts ? — Si la vigne, est assez forte pour donner des sarments d'une certaine longueur, les remplacements peuvent se faire par *couchages*. Le moment de la taille étant venu, on réserve un sarment qui, au printemps, est couché sous terre et rogné à deux yeux. Quand le nouveau pied est formé, on le détache, la seconde année, de la souche mère. C'est ce qu'on appelle *provignage*.

QUARANTE-SIXIÈME LEÇON

—

Des maladies de la Vigne.

La vigne est-elle sujette à des maladies ? — La vigne, en effet, est sujette à de nombreuses maladies dont les principales sont : 1° *l'oïdium* ; 2° la *jaunisse ;* 3° le *rougeot ;* 4° la *broussure.* Pour ces maladies, on recommande le soufrage complet de la vigne. Le temps le plus convenable pour soufrer est un temps sec et chaud. On peut soufrer également après une pluie légère ou après la rosée. Pour cette opération, on se sert avantageusement du soufflet de M. de *Lavergne*, dont le prix est de 3 fr. La quantité de soufre doit être d'environ 15 kilogrammes par hectare pour le premier soufrage, et de 50 kilogrammes pour le second. Le prix du soufre est de 16 à 20 francs environ.

Quels sont les insectes nuisibles à la vigne ? — Les insectes qui nuisent le plus a la vigne sont : 1° *l'eumolphe* ou *écrivain ;* 2° *l'attelabe ;* 3° la *pyrale ;* 4° *l'altise ;* 5° le *cochyle* ou *teigne de la grappe ;* 6° le *ryhnchyle-bacchus* ou *coupe-bourgeon ;* 7° le *hanneton ;* 8° enfin, le *phylloxera.*

Qu'est-ce que l'eumolphe ou écrivain ? — L'*eumolphe* ou *écrivain* est un insecte qui ronge les feuilles de la vigne : a l'état de larve, il est très nuisible a cette plante en attaquant ses racines. Il est connu, dans quelques contrées de la France, sous les noms de *diablotin* et de *gribouri.*

Qu'est-ce que l'attelabe ? — L'*attelabe* est un autre insecte qui a la spécialité d'enrouler les feuilles et y déposer ses œufs ; de ces derniers naissent bientôt une quantité considérable de vers qui se répandraient rapidement dans le vignoble, si on n'avait le soin de les détruire en coupant et en brûlant les feuilles qui en sont attaquées.

Qu'est-ce que la pyrale ? — La *pyrale* est un petit papillon de nuit qui, en déposant ses œufs sur les feuilles, devient, pour la vigne, un de ses plus terribles ennemis. Les petites chenilles qui naissent de la pyrale vers le commencement d'août, descendent bientôt sur les tiges et vont se cacher dans les fissures de l'écorce. Là, elles restent engourdies pendant tout l'hiver. Cependant, il est facile de les y détruire en versant de l'eau bouillante sur toutes les parties infestées. Au printemps suivant, ces chenilles dévorent les bourgeons, puis les grandes feuilles dont elles coupent quelquefois le pédoncule à moitié, de maniere à en déterminer la flétrissure. Elles ne tardent pas non plus à attaquer la grappe en l'entourant de nombreux fils de soie avec lesquels elles se construisent des abris où elles se cachent.

Qu'est-ce que l'altise ? — l'*altise*, appelée aussi *pucerotte*, ronge les feuilles de la vigne et de beaucoup d'autres plantes. Cet insecte saute avec agilité. Pour le détruire, on emploie avec avantage une sorte d'entonnoir en fer-blanc profondément échrancré d'un côté et garni d'un sac en-dessous. La branche attaquée par les altises est engagée dans l'échancrure de l'entonnoir ; puis, en la secouant, on fait tomber les insectes dans la partie la plus évasée de l'instrument ; de la, ils descendent dans le sac placé au-dessous.

Qu'est-ce que le cochyle ? — Le *cochyle* est un petit papillon nocturne qui nuit aussi beaucoup à la vigne particulièrement dans la Champagne , sa chenille dévore le fruit. Chaque année, il y a deux générations de ces teignes ; les chenilles d'automne, qui passent l'hiver avant de se transformer en papillons, se cachent dans les fentes de l'écorce. On les détruit au moyen de l'échaudage.

Qu'est-ce que le rhynchyte-bacchus ou coupe-bourgeon ? — Le *rhynchyte - bacchus* ou *coupe-bourgeon*, appelé aussi *lisette* dans quelques contrées de la France, est une sorte de charançon qui pond ses œufs sur les feuilles de la plante, puis en coupe à moitié le pédoncule. Les feuilles, ainsi attaquées, retombent, se roulent, se dessèchent et forment des espèces d'étuis dans lesquels les larves se développent. Il faut se hâter de couper et de brûler ces cornets avant que les vers n'en sortent pour se répandre sur les ceps.

Qu'est-ce que le hanneton ? — Le *hanneton*, que tout le monde connaît, est aussi nuisible à la vigne qu'aux autres plantes : à l'état de larve, il s'introduit dans les racines et y commet des dégâts considérables ; à l'état d'insecte, pendant sa courte existence, il se nourrit exclusivement des feuilles. Partout, on lui fait une guerre incessante. On en a besoin, car pendant environ un mois qu'il reste à l'état d'insecte, il détruit des vignobles entiers.

Qu'est-ce que le phylloxera ? — Comme l'eumolphe et le hanneton, le phylloxera, un des insectes les plus redoutables pour la vigne, s'en prend à ses racines. Il y pullule et y occasionne les plus cruels ravages. On le trouve aussi dans les fissures de l'écorce. Les vignobles atteints par le phylloxera ne tardent pas à se flétrir et à ne donner aucun fruit. Ils sont détruits entièrement dans quelques contrées du midi. La Dordogne ne paraît pas non plus être épargnée par le terrible fléau, plus arursierucs points du département, il a déjà fait son apparition. De tous les nombreux remèdes jusqu'ici essayés, aucun n'a produit de résultat sérieux. On est encore à en découvrir un qui puisse combattre cet ennemi redoutable. Espérons que l'avenir nous ménagera bientôt cette consolation ! Et l'homme qui trouvera ce moyen sûr, infaillible, aura bien mérité de la patrie, car il aura rendu le plus grand des services à l'humanité.

QUARANTE-SEPTIÈME LEÇON

De la Vendange.

Qu'est-ce qu'on entend par vendange ? — On entend par *vendange* la recolte du raisin avec lequel on fait le vin. Dans quelques contrées du midi, elle a lieu du 15 septembre au 10 octobre ; mais dans tous les autres pays vignobles, elle a géneralement lieu dans le courant de ce dernier mois.

Qu'appelle-t-on ban ? — On appelle *ban* l'autorisation du maire de la commune de commencer la vendange. Faire la récolte du vin avant la publication du ban, ce serait porter un préjudice considérable aux viticulteurs qui la retarderaient. On évite ce préjudice en la faisant en même temps : mais, quoi qu'il arrive, la cueillette du raisin ne doit avoir lieu que lorsque celui-ci a atteint une maturite complète, c'est-à-dire lorsqu'il ne présente plus aucun goût d'acidité.

Comment doit-on détacher les grappes du raisin ? — On doit détacher les grappes de la tige avec une grande précaution et se servir, pour ce travail, d'un petit sécateur ou d'une serpette bien affilée. Le vendangeur, avant de les placer dans le panier, doit avoir soin de détacher les grains secs, gâtés ou en verjus. Dans les crûs renommés, ce travail se fait avec le plus grand soin : le triage est fait sur une table à rebord, nommée *balin*. C'est là que chaque vendangeur verse sa hotte ou son panier.

Que fait-on du raisin ramassé et trié dans la journée ? — Le raisin ramassé et trié, comme il vient d'être dit, est porté dans la cuve, où s'opère la fermentation. Quelques propriétaires sont dans l'usage de *déraper*, c'est-à-dire de séparer la rafle d'avec le grain pour que les principes acides et astringents qu'elle contient, rendent le vin moins *vert* et moins *acerbe* D'autres croient, avec raison, que la rafle donne au liquide ce principe astringent, qui le conserve.

Combien distingue-t-on de sortes de fermentations ? — Dans toute cuvaison, il y a trois sortes de fermentations successives : 1° la *fermentation tumultueuse* ou alcoolique, transformant le sucre du vin en alcool ; 2° la *fermentation acétique* transformant l'alcool en vinaigre ; 3° la *fermentation putride* décomposant ce dernier. Dans toute fermentation, le contact de l'air est indispensable ; sans air, elle ne pourrait se produire : elle atteint d'abord la partie supérieure de la cuvée et ensuite elle gagne peu a peu la masse du liquide. Lorsque la fermentation putride commence, ce qui se reconnaît à une multitude d'insectes se trouvant à la surface, la fermentation acetique, qui la précède, a fourni assez d'acide

Quels sont les soins à donner à la cuve ? — On constate que plus le vin reste en cuve, et plus il acquiert de couleur. On satisfait ainsi les exigences des acheteurs qui aiment le vin coloré, mais on lui communique ce goût acerbe, qui saisit à la gorge, et cette facilité à se *tourner* ou *pousser* lorsque la température s'élève ou qu'on le livre au *foulage*. L'opération du foulage, qui doit avoir lieu plusieurs fois par jour, ne doit se faire qu'avec la plus extrême prudence. Entrer dans la cuve sans s'assurer de la quantité de gaz acide carbonique qu'elle renferme, c'est, souvent, s'exposer à une mort certaine. Pour prévenir l'asphyxie, il suffit d'allumer une chandelle et de l'introduire dans la cuve avant d'y pénétrer. Si la lumière vacille ou s'éteint, le danger devient imminent. Il est indispensable alors d'avoir recours au renouvellement de l'air. Dans le cas contraire, il n'y a aucun danger à courir

Que doit-on faire lorsque la fermention du vin a cessé?— Lorsque la fermentation du vin a cessé, on doit se hâter de le *soutirer*, sans se préoccuper qu'il soit trouble ou qu'il soit chaud. Il n'est pas nécessaire, ainsi que l'a dit un viticulteur distingué, d'attendre que la saveur vineuse ait remplacé la saveur sucrée, la fermentation se continuant dans le tonneau. Apres avoir extrait du raisin soumis au pressoir la plus grande quantité de jus possible, on distille le *marc* ou résidu, au moyen d'appareils spéciaux, pour en former des boissons légères, connues sous le nom de *piquette*. Bouilli, il sert de nourriture aux bestiaux et aux porcs, qui le mangent avec avidité.

Quels sont les soins à donner au vin dans les tonneaux? — Les soins a donner au vin, une fois placé dans les tonneaux, consistent principalement dans le *soutirage*, qui doit se faire plusieurs fois dans l'année, et dans la propreté avec laquelle on doit tenir ces derniers. Lorsque le liquide a cessé de fermenter dans le tonneau, on le bouche bien, afin d'éviter tout contact avec l'air, et on ouille de temps en temps. Dans la Dordogne, peut-être plus qu'ailleurs, ces soins, pourtant si élémentaires, ne sont pas toujours bien observés : de là, bien des pertes occasionnées par l'indifférence ou plutôt par la negligence de certains vignerons.

DEUXIÈME PARTIE

CHAPITRE TREIZIÈME

QUARANTE-HUITIEME LEÇON

De l'Arboriculture.

Qu'est-ce que l'arboriculture? — L'*arboriculture* est cette partie de la science agricole qui nous enseigne la culture des arbres.

Qu'est-ce qu'un arbre? — Un *arbre* est un végétal plus ou moins élevé, ligneux et vivace, toujours pourvu d'un *tronc*, de branches et de racines, qui le fixent solidement au sol.

Quelles sont les parties qui composent la racine? — Dans la composition de la racine, on distingue : 1° le *corps* ou *pivot*; 2° les *radicelles* ou *chevelus*; 3° le collet donnant naissance à la tige elle-même.

Quelles sont les parties qui composent la tige? — La *tige* se compose : 1° de l'*écorce*; 2° du *bois*, comprenant l'*aubier*, c'est-à-dire cette partie ligneuse de l'arbre située entre l'écorce et le corps de ce dernier ; 3° du *canal médullaire* se trouvant au centre de la tige, et qu'on désigne vulgairement sous le nom de *moelle*.

De la division des Arbres.

Comment divise-t-on les arbres? — Selon

leur destination et leur nature, les arbres sont divisés en trois grandes classes : 1° en *arbres forestiers*; 2° en *arbres d'agrément*; 3° enfin, en *arbres fruitiers*.

Quels sont les arbres que comprend la première classe? — La première classe comprend tous les arbres d'essences indigènes ou exotiques composant nos forêts, tels que : le chêne, le hêtre, le bouleau, l'orme, le platane, le peuplier, etc. Ceux qui sont résineux sont de ce nombre. Tous ces arbres, de quelque nature qu'ils soient, nous fournissent le bois dont l'usage est si varié dans l'économie domestique, dans les arts, dans l'industrie et dans le commerce.

Quels sont les arbres que comprend la seconde classe? — Les arbres de la seconde classe, dits d'agrément, peuvent être à la fois indigenes et exotiques. Choisis parmi les essences qui ont le plus beau port, le plus beau feuillage ou les plus belles fleurs, ces arbres ne sont cultivés et exploités que comme la nature nous les donne. Leur utilité est incontestable au double point de vue de la salubrité publique et de la protection des récoltes contre la violence des vents.

Quels sont les arbres que comprend la troisième classe? — La troisième classe comprend tous les arbres fruitiers. Par une culture appropriée et par la greffe, on est parvenu a obtenir de beaux fruits, aussi variés que nombreux, que l'on récolte partout où l'on sait choisir les bonnes especes et les entretenir. A cause du cadre restreint dans lequel nous voulons nous renfermer, nous ne nous occuperons que de ces derniers.

De la culture et de la multiplication des Arbres

Quels sont les principaux arbres fruitiers cultivés dans notre pays? — Les principaux arbres fruitiers cultivés en France sont le *chataignier*, le *noyer*, le *pommier*, le *poirier*. le *prunier*, l'*abricotier*, le *cerisier*, le *pêcher*, le *figuier*, l'*amandier*, etc.

Comment multiplie-t-on les arbres fruitiers? — La multiplication des arbres fruitiers se fait au moyen des *semis*, des *boutures*, des *marcottes*, des *drageons* et des *greffes*.

De ces divers modes de multiplication, quels sont ceux qui sont préférables? — Les semis et les greffes sont les deux modes de multiplication les plus généralement répandus : les premiers s'appliquent à tous les genres d'arbres fruitiers et produisent les sujets les plus vigoureux, les plus robustes, les plus capables d'une grande longévité. Les boutures, les marcottes et les drageons ne conviennent guère qu'au coignassier, qu'au pommier nain et qu'au prunier.

Comment appelle-t-on le terrain sur lequel on doit faire les semis? — Le terrain sur lequel on fait les semis s'appelle *pépinière*. Le choix de ce terrain doit préoccuper vivement tout arboriculteur, car il est essentiel d'obtenir, le plus rapidement possible, des sujets vigoureux, et de chercher, avant tout, à former des arbres qui réussissent dans les divers sols, où ils seront transplantés plus tard. On nomme *francs* ou *égrains*, ou *sauvageons*, les arbres non encore greffés, qui se trouvent dans la pépinière.

Quels sont les terrains qui conviennent le mieux à l'établissement d'une pépinière? — Une terre franche et fraîche, débarrassée de toute humidité stagnante, un sol sablonneux, sans être aride, léger, sans être brûlant, offrent les meilleures conditions pour former une bonne pépinière. Sarcler et biner la pépinière toutes les fois que les mauvaises herbes paraissent, tels sont les principaux soins qu'elle réclame.

Quelle est l'époque la plus convenable pour la transplantation des arbres? — La transplantation des arbres doit se faire du 15 octobre au 15 novembre. C'est l'époque la plus convenable. La transplantation qui se fait au printemps ne convient guère qu'aux terrains humides. Arrachés de la pépinière avec précaution, les arbres qui ont souffert doivent avoir leurs racines rafraîchies, c'est-a-dire coupées à leurs extrémités, de manière a ce que la section se trouve au-dessous. On taille les branches à crochets et sur la pousse de l'année précédente en laissant un ou deux bourgeons bien apparents.

De la plantation des Arbres.

Que faut-il faire lorsqu'on projette une plantation? — Projeter une plantation, c'est étudier la nature du terrain et s'assurer quels sont les arbres qui peuvent y prospérer. Lorsqu'on est bien fixé sur ce point, deux ou trois mois avant la plantation, on creuse des trous de 1^m 50 a 2 mètres carrés, et de 1^m 50 au moins de profondeur. Ces dimensions ne conviennent qu'aux arbres en plein vent; mais elles peuvent être moindres pour ceux dont la tige est basse. La terre extraite des trous doit être divisée en deux parts : celle provenant de la couche arable est mise d'un côté et celle provenant du sous-sol, d'un autre. « Si le terrain est humide, tourbeux, ou trop argileux, on fait transporter sur le bord du trou un tombereau de terre légère et sablonneuse, mais fertile. et une quantité égale de terreau léger, que l'on mélange avec la terre. » Si le terrain avait déja nourri d'autres arbres arrachés depuis peu d'années, il serait nécessaire alors d'en changer l'espèce et de renouveler entièrement la terre des fosses en leur donnant de plus grandes dimensions.

QUARANTE-NEUVIÈME LEÇON

—

De la Greffe

Qu'est-ce que greffer ? — *Greffer*, c'est introduire une partie vivante d'un végétal dans un autre végétal avec lequel elle contracte une adhérence intime, et sur lequel elle continue à vivre et à se développer comme sur sa tige elle-même.

Qu'appelle-t-on greffe ? — On nomme *greffe* ou *scion* le rameau détaché d'un végétal que l'on implante sur un autre végetal, et sujet, celui qui le reçoit.

L'utilité de la greffe est-elle bien reconnue ? — En effet, l'utilite de la greffe est partout reconnue : employée dans la culture des végetaux à fleurs ou à fruits, elle présente les avantages suivants : 1° de multiplier les races que tout autre mode de propagation ne pourrait maintenir ; 2° de rajeunir quelquefois les vieux arbres épuisés ; 3° d'accélérer de plusieurs années l'époque de la fructification ; 4° d'accroître le nombre et la grosseur des fruits, ainsi que la beauté des fleurs ; mais elle a l'inconvénient, grave d'ailleurs, d'abréger la vie des individus greffés.

Que faut-il pour que l'opération de la greffe réussisse convenablement ? — Pour que l'operation de la greffe réussisse convenablement, il est indispensable qu'il y ait la plus grande analogie possible d'organisation entre le végétal qui sert de sujet et celui qui fournit la greffe. Les deux individus doivent être de la même espèce ou tout au moins du même genre.

De quels instruments se sert-on pour gref-

fer ? — Pour greffer on se sert : 1° de la *serpette* ; 2° du *greffoir* ; 3° de l'*égohine* ; 4° du *maillet*.

Qu'est-ce que la serpette ? — « La *serpette* est un couteau à lame et à manche recourbés. On l'emploie à couper la tête du sujet lorsqu'il n'est pas trop fort et à rafraîchir la plaie lorsqu'elle a été faite avec l'égohine. »

Qu'est-ce que le greffoir ? — « Le *greffoir* est un petit couteau composé d'un côté d'une lame d'acier recourbée, et de l'autre d'une petite spatule en bois dur ou en os. »

Qu'est-ce que l'égohine ? — « L'*égohine* est une petite scie avec laquelle on scie les tiges ou les branches qui ne peuvent être coupées avec la serpette. »

Qu'est-ce que le maillet ? — « Le *maillet* n'est autre chose qu'un petit marteau en bois avec lequel on frappe sur la lame de la serpette pour fendre le bois des sujets à greffer. »

De quoi se sert-on pour recouvrir les plaies des arbres nouvellement greffés ? — Pour mettre la greffe à l'abri des influences atmosphériques, on se sert le plus ordinairement d'un mélange d'argile et de bouse de vache nommé onguent de *Saint-Fiacre* ; de cire à greffer, composée de cire jaune, de térébenthine grasse, de poix de Bourgogne, ou seulement de goudron fondu avec un peu de suif. Ces mastics sont ramollis par l'action du feu avant de les appliquer. Pour maintenir toutes les parties en place, on recouvre la plaie avec une des matières énoncées plus haut, qu'on entoure d'un linge ligaturé, soit avec une petite branche d'osier, soit avec un jonc, soit avec un fil de laine leur permettant ainsi de céder au fur et à mesure que les rameaux grossissent.

A quelle époque doit-on greffer ? — Pour certaines plantes, on peut greffer en toute saison; mais, pour les arbres fruitiers, c'est ordinairement dans le courant de mars ou d'avril que cette opération doit avoir lieu. Elle ne se fait que par un temps sec et doux, et jamais par un temps humide. Une fois greffé, l'arbuste est soigneusement débarrassé de tous les bourgeons se trouvant au-dessous de la greffe, car ces derniers arrêteraient la marche ascendante de la sève et l'empêcheraient de se porter sur la partie entée.

CINQUANTIÈME LEÇON

Des différentes sortes de Greffes.

Combien distingue-t-on de sortes de greffes ? — Les procédés imaginés pour pratiquer l'opération de la greffe sont très nombreux, mais les plus connus, et ceux qui réussissent généralement le mieux sont au nombre de quatre, savoir : 1° la *greffe par approche*; 2° la *greffe par scions, ou en fente, ou en couronne*; 3° la *greffe en écusson*; 4° la *greffe en flûte ou au chalumeau*.

Qu'est-ce que la greffe par approche ? — La greffe par approche ayant beaucoup d'analogie avec le marcottage, consiste à unir deux végétaux voisins par des entailles qui se correspondent aussi exactement que possible. On maintient l'union des parties au moyen de ligatures et on met les plaies à l'abri des influences de l'air. Lorsque la soudure est complète, ce que l'on reconnaît facilement, on supprime la greffe immédiatement au-dessous de son point de contact avec le sujet, et le sujet immédiatement au-dessus de son point de contact avec la greffe.

A quelle époque doit-on pratiquer la greffe par approche ? — La greffe par approche peut se pratiquer en toute saison, excepté pendant les gelées et les fortes chaleurs; néanmoins, l'époque la plus favorable est celle où la sève commence à monter.

Qu'est-ce que la greffe par scions ou en fente ? — La greffe en fente consiste d'abord à couper le sujet à une hauteur déterminée, à le fendre à $0^m,03$ ou $0^m,04$ centimètres et ensuite à y introduire un scion, ou jeune rameau emprunté à une espèce voisine. Elle ne s'emploie guère que pour les arbres fruitiers à pépins.

Comment doit-on tailler le scion ? — Le scion est taillé en forme de biseau, c'est-à-dire aminci par le bas, de manière que le côté placé en dehors soit beaucoup plus large que celui placé en dedans. Ce dernier ne doit pas avoir d'écorce.

De quelle manière choisit-on les scions ? — Les scions sont choisis sur des rameaux de l'année précédente ou de la dernière pousse. Pris vers le milieu de la branche, les scions présentent plus de solidité et de régularité que vers le commencement ou vers la fin. Ils doivent avoir de deux à cinq yeux et de $0^m,20$ à $0^m,25$ centimètres de longueur.

De quelle manière place-t-on les scions ? — Lorsque le sujet a été préparé comme il vient d'être dit, les scions sont introduits dans la fente et de chaque côté de l'arbuste, en ayant soin de faire coïncider toutes les parties vivantes. Pour cette opération, on se sert d'un petit coin en bois qu'on laisse dans la fente jusqu'à ce que les scions y soient soigneusement placés. Si la pression exercée par le sujet sur ces derniers n'est pas assez forte, on le ligature et on l'abrite du contact de l'air et de l'eau avec l'onguent de Saint-Fiacre ou avec le mastic à greffer.

Comment pratique-t-on la greffe en fente? — La greffe en fente se pratique ordinairement *à œil poussant*, c'est-à-dire au moment où la végétation commence ; mais elle peut aussi réussir en septembre ou en octobre, ce que les hommes de l'art appellent greffer *à œil dormant*. Il est bien entendu que le rameau ne se développe qu'au printemps suivant, tandis qu'il se développe immédiatement lorsque la greffe est faite au printemps.

Quelles sont les qualifications que l'on donne à la greffe en fente ? — La greffe en fente est dite *simple* lorsqu'on ne pose qu'un seul scion ; *double* quand on en met deux, et *croisée* quand on en place quatre.

De la Greffe en couronne.

Qu'est-ce que la greffe en couronne ? — La greffe en couronne a beaucoup d'analogie avec la précédente : elle ne s'en distingue que par la pose du scion sur le sujet sans fendre le cœur du bois. Employée pour les gros arbres épuisés et pour les jeunes sujets dont le bois est très dur, la greffe en couronne a quelquefois l'avantage de changer l'espèce de leurs fruits, mais elle a le grave inconvénient d'abréger leurs jours.

Comment pratique-t-on la greffe en couronne? — Coupé à une hauteur convenable, le sujet, dont la plaie est rafraîchie, doit être préparé à cette opération : on enfonce un petit coin en bois dur entre le bois et l'écorce, de manière à ce que cette dernière ne se rompe point par la pression. Les scions, taillés en *bec de flûte* ou en biseau d'un seul côté, sont alors introduits à cette place et enfoncés jusqu'à ce que tout le biseau soit caché, en ayant soin que celui-ci soit tourné contre l'aubier du sujet. Selon la grosseur de l'arbuste, on emploie plusieurs greffes tout autour de la coupe qu'on espace l'une de l'autre de $0^m,05$ à $0^m,08$ centimètres. La plaie est recouverte comme il a été parlé ci-dessus.

A quelle époque doit-on pratiquer la greffe en couronne? — La greffe en couronne doit se pratiquer quand la sève est en pleine activité et que l'écorce se détache facilement du sujet.

Comment pratique-t-on la greffe en couronne ? — La greffe en couronne doit se pratiquer quand la sève est en pleine activité et que l'écorce se détache facilement du sujet.

CINQUANTE ET UNIÈME LEÇON

De la Greffe en écusson.

Qu'est-ce que la greffe en écusson ? — La greffe en écusson, nommée aussi greffe par *inoculation*, consiste à enlever à un jeune arbre venu de graine et âgé d'un à cinq ans, un lambeau d'écorce pourvu d'un bourgeon bien apparent, auquel on donne la forme d'un écusson d'armoiries, et à l'appliquer sur le côté du sujet entre l'écorce et le bois, à l'endroit le plus uni de la tige. Cette greffe a pour caractère distinctif de n'introduire sur le sujet aucune partie du bois de la greffe elle-même. Simple, facile, très répandue, elle se pratique ordinairement sur toutes les essences d'arbres.

Combien distingue-t-on de sortes de greffes en écusson ? — On distingue deux sortes de greffes en écusson : 1° *la greffe à œil dormant*, qui se fait d'août en septembre, ainsi nommée parce que le bourgeon ne se développe qu'au printemps suivant; 2° *la greffe à œil poussant*, qui se pratique de mai en juillet, ainsi nommée parce que le bourgeon peut se développer quelques jours après l'opération.

De quelle manière prépare-t-on l'écusson ? — Faire sur la branche une incision transversale de 0m,005 à 0m,010 millimètres au-dessus de l'œil que l'on a choisi, fendre l'écorce en biais de chaque côté, de façon que les deux fentes se relient a 0m,02 ou 0m,03 centimètres au-dessous, passer ensuite la spatule du greffoir sous l'écorce pour le détacher de l'aubier, tels sont les moyens employés pour la préparation de l'écusson.

De quelle manière place-t-on l'écusson ? — Pour placer l'écusson, on choisit l'endroit le plus uni de la tige : ce choix fait on incise l'écorce du sujet en forme de T droit ou de ⊥ renversé ; puis, avec la spatule du greffoir, on soulève legerement les deux lèvres de l'incision ; on y introduit l'écusson en rabattant les lèvres sur ce dernier, de maniere que le bourgeon sorte par la fente qui les sépare. Pour ne laisser aucun vide, on appuie fortement les parties greffées de chaque côté de l'œil, puis on les maintient en place au moyen d'une ligature faite avec du fil de laine ; afin d'éviter les étranglements qui pourraient se produire, on a soin de visiter souvent la greffe, et, s'il y a lieu, de desserrer la ligature.

Comment pratique-t-on la greffe en écusson ? — La greffe en écusson se pratique, non seulement sur la tige elle-même, mais encore sur quelques-unes des branches les plus vigoureuses. On peut également placer plusieurs écussons dans un sens diamétralement opposé ; mais, pour cela, il est necessaire que le sujet ait de la force et de la vigueur.

De la greffe en chalumeau ou en flûte.

Qu'est-ce que la greffe en chalumeau ou en flûte ? — La greffe en chalumeau ou en flûte consiste à appliquer une simple bande d'écorce ayant la forme d'un anneau sur le sujet dépouillé d'une bande exactement semblable de sa propre écorce.

Comment pratique-t-on la greffe en chalumeau ? — La greffe en chalumeau se pratique de deux manières différentes : par la première, on coupe la tête du sujet en pleine sève, et l'on en détache un cylindre d'écorce au-dessus de la [illegible]. Choisissant ensuite une branche de même grosseur, on en enlève un autre cylindre en tout semblable, portant un ou deux bourgeons que l'on ajuste sur le sujet à la place du premier cylindre [illegible] retranche l'excédant. Par ce moyen, on peut se dispenser de couper immédiatement la tête du sujet. Ce travail peut être remis à l'année suivante.

A quelle époque pratique-t-on la greffe en chalumeau ? — La greffe en chalumeau a lieu au printemps, au moment de la sève. Elle n'est presque exclusivement employée que pour le châtaignier et le noyer.

CHAPITRE QUATORZIÈME

—

CINQUANTE-DEUXIÈME LEÇON.

—

Du Châtaignier et du Noyer.

Qu'est-ce que le châtaignier ? — Cultivé par l'excellent fruit qu'il donne et qu'on nomme châtaigne, le châtaigner est un arbre qui croît dans tous les terrains, même sablonneux, où d'autres arbres ne produiraient qu'une végétation insignifiante. On emploie son bois à faire des échalas, des cerceaux pour les barriques et des planches pour la menuiserie.

Comment multiplie-t-on le châtaignier? — Pour multiplier le châtaignier, il suffit de semer les châtaignes à une distance d'environ 0^{m},50 les unes des autres dans le sens de la longueur et de la largeur. Lorsque le plant a atteint une certaine grosseur, on le transplante dans des fosses que l'on a préparées à cet effet en espaçant chaque pied de 20 à 25 mètres les uns des autres. On l'étête pour faciliter l'opération de la greffe, car ce n'est que sur les pousses de l'année suivante que celle-ci peut se pratiquer.

Quels sont les soins à donner au châtaignier ? — Ameublir la terre autour des jeunes pieds, biner de temps en temps pour augmenter la quantité des fruits, élaguer les branches inutiles ou vieillies, tels sont les principaux soins à donner au châtaignier.

Qu'est-ce que le noyer ? — Comme le châtaignier, le *noyer* est un arbre qui a une très grande importance par la production de son fruit, appelé *noix*, avec lequel on fabrique une huile excellente et très recherchée, et par son bois si précieux pour le commerce et l'industrie. Si, comme on l'a dit avec raison, le châtaignier est *« l'arbre à pain des contrées pauvres »*, le noyer est une source inépuisable de richesse pour celles dans lesquelles il est cultivé en grand.

Comment multiplie-t-on le noyer ? — Pour multiplier le noyer, il suffit de le semer en pépinière en observant les mêmes dispositions que pour le châtaignier.

Peut-on greffer le noyer ? — On peut, en effet, greffer le noyer s'il ne l'a pas été au moment où il a été planté : dès le printemps qui suit sa plantation, on l'ente, ou au chalumeau, ou en écusson, mais à œil poussant.

Quels sont les soins d'entretien du noyer ? — Le noyer ne demande que quelques binages au pied pendant tout le cours de sa végétation.

Du Pommier et du Poirier.

Qu'est-ce que le pommier ? — Le *pommier* est, sans contredit, un des arbres fruitiers les plus répandus et les plus populaires de tous ceux qui sont cultivés dans tous les climats tempérés : son fruit, appelé *pomme*, produit une boisson saine, agréable, économique, remplaçant le vin dans toutes les contrées où le raisin ne peut arriver à sa complète maturité.

Comment multiplie-t-on le pommier ? — Le pommier se multiplie par le semis de la graine : on forme ainsi des pépinières qui produisent des *francs* ou *égrains*, greffés à haute tige et qui, plus tard, sont plantés en plein vent.

Le pommier peut-il se greffer ? — On peut

sans difficulté, greffer le pommier : les greffes généralement employées sont la greffe en fente et la greffe en écusson. Les arbres que l'on destine à former des pleins vents peuvent s'enter sur sauvageons ; mais il est nécessaire qu'ils proviennent des fruits du pommier sauvage. On greffe aussi sur francs, produits des semences du pommier cultivé. C'est d'ailleurs à ce dernier qu'il convient de donner la préférence comme rapportant des fruits meilleurs, plus gros et plus abondants. Les sujets entés près de terre, soit en fente, soit en écusson, valent toujours mieux que ceux greffés en tête.

Quels sont les terrains qui conviennent le mieux au pommier ? — Tous les terrains conviennent au pommier : cependant, les sols très secs, les terres crayeuses et celles qui sont composées d'argile pure lui sont particulièrement nuisibles ; mais il croît vigoureusement dans les terrains qui offrent à ses racines une fraîcheur constante ; il redoute néanmoins une humidité stagnante en hiver.

Le pommier met-il longtemps à se développer ? — Le pommier est un arbre qui pousse rapidement et développe, dans sa jeunesse, des branches fort allongées. Il est donc nécessaire, pour le faire ramifier, de couper à moitié longueur les jeunes pousses pendant les premières années de sa plantation. Ainsi rabattues, ces branches donneront du fruit dès la troisième année au plus tard.

Le pommier craint-il les gelées du printemps ? — Les gelées du printemps sont peu à craindre pour la fructification du pommier, à cause surtout de l'époque tardive à laquelle sa floraison a lieu : cependant, des pluies fréquentes et froides peuvent contrarier sa production, les fleurs, comme bien d'autres plantes, étant sujettes à couler.

Quels sont les soins d'entretien à donner au pommier ? — Les soins à donner au pommier consistent dans la destruction des chenilles, qui se plaisent sur cet arbre, la taille, les binages autour de la plante et l'extirpation du gui, qui paralyse son développement et la production de ses fruits.

De quelle manière cultive-t-on le pommier ? — Le pommier se cultive de deux manières : 1° en plein vent ; 2° dans le jardin fruitier. Dans le verger, cet arbre par sa nature robuste et vigoureuse, demande peu de soins pour produire beaucoup, tandis que dans le jardin fruitier, il doit être plutôt considéré comme ornement que comme arbre productif. Sans cependant abandonner ce dernier mode, le premier paraît préférable pour nos climats.

Qu'est-ce que le poirier ? — Le *poirier* est un arbre fruitier non moins utile et non moins intéressant que le pommier : il remplit nos tables de fruits dont les innombrables variétés offrent les formes les plus bizares, les parfums les plus agréables et les saveurs les plus diverses. Données aux bestiaux dans une année d'abondance, les *poires* leur procurent une nourriture rafraîchissante et salutaire.

Comment multiplie-t-on le poirier ? — Le poirier se multiplie par ses graines ; mais les sujets provenant des semis tendent presque toujours à retourner à l'état sauvage. Ce n'est donc que sur un petit nombre qu'on retrouve un fruit passable. Pour continuer les variétés acquises, il faut avoir recours à la greffe.

Comment greffe-t-on le poirier ?—Le poirier se greffe, ou en fente, ou en écusson, près de terre et à œil dormant. On place ordinairement la greffe, soit sur un sauvageon, soit sur un franc, soit sur un coignassier.

Ces trois sortes de sujets présentent-ils des avantages et des inconvénients? — En effet, ces trois espèces de sujets présentent des avantages et des inconvénients fort opposés : le sauvageon, provenant des graines du poirier sauvage, devient robuste, fort, vigoureux, donne passablement de fruits, inférieurs en qualité, mais il croît beaucoup plus lentement que les deux autres, et il ne fructifie que tous les deux ou trois ans après sa plantation ; il met quelquefois plus longtemps à produire. Le franc, venant des arbres cultivés, moins robustes que le précédent, croît rapidement et donne des fruits meilleurs, plus gros et plus savoureux; il produit dès la seconde année de sa plantation. Le coignassier ne vit pas longtemps; mais il donne des fruits d'une finesse exquise et d'une grosseur plus considérable. Il réussit même dans un terrain humide, ce que ne feraient point les deux autres.

Quels sont les terrains qui conviennent au poirier ?— Le poirier s'accommode de presque tous les terrains, à l'exception, toutefois, de ceux qui sont secs, maigres, argileux et renfermant de l'eau stagnante; ils lui sont nuisibles; mais les bonnes terres franches, un peu humides, les terres d'alluvion et même les terres fortes et substantielles sont celles qu'il préfère.

De quelle manière cultive-t-on le poirier ?— De même que le pommier, le poirier se cultive, ou en plein vent, ou dans le jardin fruitier. Cultivé en plein vent, il exige, dès les premières années, que ses jeunes branches soient un peu rabattues pour les forcer à se ramifier. Cultivé dans le jardin fruitier, il se prête parfaitement à la taille et à la direction qu'on veut lui donner.

Quels sont les soins d'entretien à donner au poirier ? — Les soins d'entretien à donner au poirier sont les mêmes que pour le pommier : indépendamment de la taille et des binages autour du pied, on débarrasse l'arbre des lichens et autres plantes parasites vivant aux dépens de la sève.

CINQUANTE-TROISIÈME LEÇON

Du Prunier, de l'Abricotier et du Cerisier.

Qu'est-ce que le prunier? — Le *prunier*, originaire d'Amérique, est un arbre qui produit la *prune* que l'on fait sécher pour être ensuite livrée au commerce. Dans certaines contrées du midi, notamment dans les environs d'Agen, les produits de ce fruit sont très importants.

Quels sont les terrains qui conviennent le plus au prunier? — Presque tous les terrains conviennent au prunier : cependant, ceux qui sont arides, brûlants, chargés d'une humidité stagnante, lui sont défavorables; mais il croît très bien dans les sols gras et humides, dans ceux mêmes où la plupart des autres arbres fruitiers ne pourraient produire.

De quelle manière cultive-t-on le prunier? — On cultive le prunier de deux manières : 1° ou *en plein vent*; 2° ou *dans le jardin fruitier*.

Quels sont les soins d'entretien à donner au prunier? — En plein vent, le prunier est fort peu exigeant : le débarrasser chaque année du bois mort, des branches gourmandes ou inutiles, rabattre les jeunes à moitié pendant les deux ou trois premières années de sa plantation, tels sont les principaux soins qu'il exige. Dans le jardin fruitier, il profite naturellement des travaux que l'on donne à la terre, et il est taillé comme la plupart des autres arbres fruitiers On le dresse facilement, soit en pyramide, soit en espalier, et l'une ou l'autre de ces formes lui fait produire des fruits toujours meilleurs et plus volumineux.

De quelle manière greffe-t-on le prunier? — Le prunier peut se greffer de deux manières : 1° en fente; 2° en écusson; mais la première de ces greffes est généralement adoptee, ou près de terre, ou a une hauteur de 1m, 50 à 2 mètres pour les sujets destinés à former des pleins vents; elle est plus sûre que la seconde.

Qu'est-ce que l'abricotier? — L'*abricotier* est un arbre qui donne, comme le precédent, des fruits a noyaux : son nom indique assez son origine, l'Arménie d'où il a été transporte en Europe par les Romains Quelques espèces en petit nombre, il est vrai, sont cultivées dans nos jardins comme arbrisseaux d'agrement.

De quelle manière élève-t-on l'abricotier? — On élève l'abricotier, ou en espalier, ou en plein vent; ses fleurs faisant leur apparition dans la dernière quinzaine de février, ou dans les premiers jours de mars, il arrive très souvent qu'elles sont surprises par les gelées du printemps. Le premier de ces modes a donc l'avantage de les préserver, car l'abricotier se place ordinairement dans des lieux abrités; mais lorsque les fleurs échappent aux gelées tardives de l'hiver, le second mode procure des fruits supérieurs en qualité et en quantité.

Comment greffe-t-on l'abricotier? — L'abricotier se greffe le plus souvent en ecusson, a œil dormant, près de terre, lorsqu'on le destine au jardin fruitier et en tête lorsqu'on le réserve pour les pleins vents. On peut également l'enter en fente; mais cette dernière greffe réussit généralement mal et donne des pousses moins vigoureuses que l'écusson. Cet arbre se greffe, soit sur amandier, soit sur prunier, mais jamais sur sauvageon de son espèce.

Quels sont les soins d'entretien à donner à l'abricotier? — L'abricotier, dès les premières années de sa plantation, pousse avec vigueur et produit une si grande quantité de fruits, qu'il est bientôt épuisé, si l'on n'a pas la précaution de le soigner. Avant sa floraison et lorsque les gelées de l'hiver ne sont plus à craindre, il est nécessaire de le débarrasser des branches inutiles et de couper à moitié au moins de leur longueur, celles qui proviennent de l'année précédente. Donner de tels soins à l'abricotier, sans oublier ceux de la terre autour du pied, c'est obtenir des arbres bien formés, vigoureux, et produisant des fruits excellents sous le rapport du volume et de la saveur.

Quels sont les terrains qui conviennent le plus à l'abricotier? — L'abricotier ne paraît pas très difficile sur la nature des terrains; il s'accommode de presque tous. Cependant, les sols légers, sablonneux ou calcaires lui conviennent tout particulièrement. Il faut éviter de le placer dans les terres humides, compactes, dans le voisinage des rivières, des marais, des eaux stagnantes, où il donnerait des produits à peu près nuls.

Qu'est-ce que le cerisier? — Le *cerisier*, dont le fruit est excellent pour la nourriture de l'homme, est un arbre qui provient du *merisier* des bois que l'on trouve encore dans les forêts de l'Europe centrale et septentrionale, et du *cerisier commun*, originaire de l'Asie-Mineure.

Comment greffe-t-on le cerisier? — Le cerisier se greffe ordinairement en fente à œil dormant; mais on peut aussi l'enter en écusson, sur le merisier et sur le cerisier commun.

Comment cultive-t-on le cerisier? — Le cerisier se cultive généralement en plein vent, et c'est seulement ainsi qu'il est le plus productif; mais on peut sans difficulté, l'élever dans le jardin fruitier. Dressé en pyramide ou en espalier, le cerisier présente, par ses fleurs d'abord et par ses fruits ensuite, un effet très remarquable à l'œil et au goût.

Quels sont les terrains qui conviennent le plus au cerisier? — Cultivé dans les terrains qui ne sont ni trop arides, ni trop humides, cet arbre y végète rapidement; il aime aussi particulièrement les terres franches, légères et substantielles, et ses fruits sont toujours meilleurs dans celles qui sont calcaires ou même argilo-calcaires, pourvu qu'elles aient une couche arable, et un sous-sol assez profonds pour permettre à ses racines de s'enfoncer convenablement.

CINQUANTE-QUATRIÈME LEÇON

Du Pêcher, du Figuier et de l'Amandier.

Qu'est-ce que le pêcher? — Originaire de la Perse, le pêcher s'est facilement acclimaté dans toutes les contrées tempérées de l'Europe. Il donne un fruit dont le velouté, la forme gracieuse, le goût délicieux, exquis et le coloris d'un brillant remarquable, le font vivement rechercher.

Comment cultive-t-on le pêcher? — Dans le midi de la France, le pêcher se cultive en plein vent tandis que dans le centre et dans le nord, il n'est guère cultivé qu'en espalier, et rarement en quenouille ou en pyramide. Mais quelle que soit la forme qu'on lui donne, cet arbre n'exige pas moins les soins les plus minutieux et les plus assidus. C'est ainsi que, par la taille, l'ébourgeonnement, le palissage et même l'effeuillage du pêcher, les jardiniers de Montreuil ont obtenu les meilleurs résultats.

Comment greffe-t-on le pêcher? — La greffe en écusson à œil dormant est la seule qui convienne au pêcher. La greffe en fente ne réussit pas aussi bien que la précédente. Quoiqu'il en soit, l'amandier, le prunier, l'abricotier et le pêcher franc sont les seuls sujets qui puissent la recevoir.

Quels sont les terrains qui conviennent le mieux à la culture du pêcher? — Les terres franches, légères, quoiques substantielles, sans être ni brûlantes ni humides, sont celles qui conviennent le mieux a la culture de cet arbre.

Quels sont les soins d'entretien à donner au pêcher? — Indépendamment de la taille, longue et difficile, les seuls soins a donner au pêcher consistent dans les abris qu'il réclame, afin de préserver ses fleurs et ses fruits de la gelée.

Le pêcher, n'est-il pas sujet à de graves maladies? — Plusieurs maladies attaquent le pêcher · les plus redoutables sont la *cloque* ou le *blanc* et la *gomme* Pour prévenir leurs ravages, il est indispensable de couper les feuilles qui en sont atteintes et de les transporter au loin.

Du Figuier.

Qu'est-ce que le figuier? — Originaire des contrees chaudes de l'Amérique, le *figuier* est un arbuste précieux par le fruit qu'il donne. Il n'est guere cultivé dans le nord et dans le centre de la France; mais, dans le midi, il occupe une place importante dans la culture.

Comment multiplie-t-on le figuier? — On multiplie le figuier au moyen des marcottes, des boutures et de ses rejetons toujours très nombreux.

Quels sont les soins d'entretien à donner au figuier ? — Les hivers rigoureux sont très nuisibles au figuier : lorsque la température descend à 10 degrés au-dessous de zéro, il perd ses rameaux et ses tiges, et il reste, bien que repoussant du pied, deux ou trois ans sans donner de fruits. Pour remédier à cet inconvénient, on couche les branches dans des fosses pratiquées au pied de l'arbre, et on les recouvre avec une épaisseur de terre d'environ $0^m,3$ ou $0^m,4$ décimètres. Butter le pied du figuier, le débarrasser du bois mort, des branches diffuses ou inutiles, de ses nombreux rejetons, et, pour activer la maturité des figues, pincer l'extrémité des branches en juin, tels sont les principaux soins qu'on doit lui donner.

De l'amandier.

Qu'est-ce que l'amandier ? — L'amandier, importé d'Asie, est un arbre produisant un fruit appelé *amande*, que nous mangeons avec tant de plaisir à nos repas de chaque jour, et avec laquelle on fait une sorte d'huile, très recherchée en médecine. Plusieurs variétés de cet arbuste servent à l'ornementation des jardins paysagers.

Comment greffe-t-on l'amandier ? — L'amandier se greffe ordinairement en écusson, à œil dormant, sur franc ou sur prunier, soit près de terre, soit à hauteur de tige. En l'arrachant de la pépinière pour le transplanter, il faut avoir grand soin de ne pas endommager ses racines, car presque toujours elles sont dépourvues de chevelu.

Quels sont les terrains qui conviennent le mieux à l'amandier ? — Cet arbre n'est pas trop difficile dans le choix des terrains : il végète dans presque tous, pourvu, toutefois, qu'ils ne soient ni humides, ni tourbeux. Dans les sols très légers et sablonneux, il produit beaucoup ; mais il ne vit pas longtemps. C'est surtout, selon l'avis d'un arboriculteur distingué, que, dans les cours, au bord des rues et des chemins, dans les villages, dans les endroits piétinés et même pavés, l'amandier acquiert une grande fertilité et une longévité remarquable. Quelques auteurs conseillent de le placer à une exposition chaude et abritée ; d'autres sont d'une opinion contraire : chacun sait, en effet, que cet arbre fleurit en janvier ou février et que, souvent, ses fleurs se gèlent surtout à une époque où les froids de l'hiver ne sont pas entièrement passés. Retarder sa floraison par tous les moyens possibles, c'est là toute la théorie de l'amandier. C'est ce qu'on fait en lui donnant une exposition au nord.

Quels sont les soins d'entretien à donner à l'amandier ? — Cet arbre exige peu de soins : cependant, quand on le peut, on lui donne un labour profond au pied et on le débarrasse du bois mort et de toutes les branches inutiles ou superflues.

CINQUANTE-SIXIÈME LEÇON.

De la Taille des Arbres.

Qu'est-ce que la taille des arbres ? — *La taille des arbres* est une opération qui consiste : 1° à supprimer, chaque année, les rameaux inutiles ou surabondants ; 2° à maintenir l'équilibre de la sève ; 3° à faire prendre à l'arbre une forme mieux appropriée à la culture ou plus agréable à l'œil ; 4° enfin, quand il s'agit d'arbres fruitiers, à les forcer à donner des fruits, plus volumineux et de meilleure qualité.

Quels sont les noms que l'on donne à la taille des arbres ? — La taille des arbres reçoit les noms suivants : 1° *élagage ;* 2° *ébranchement ;* 3° *tonte.*

Qu'est-ce que l'élagage ? — *L'élagage* des arbres a pour but d'enlever toutes les branches inutiles, malades ou encore tout le bois mort.

Qu'est-ce que l'ébranchement ? — *L'ébranchement* consiste à changer la forme des arbres et à leur en donner une nouvelle plus appropriée à leur nature et à leurs besoins.

Qu'est-ce que la tonte ? — On appelle *tonte* la taille des arbres et des arbrisseaux d'ornement placés, soit dans les bosquets, soit dans les massifs des jardins paysagers.

A quelle époque doit-on procéder à la taille ? — Le temps le plus favorable pour la taille est le printemps, et, sous le climat du centre de la France, depuis le commencement de février jusqu'au milieu d'avril. Pour tous les arbres et sous tous les climats, cette opération doit généralement se faire lorsque les boutons gonflés sont sur le point de fournir des fleurs et des feuilles.

De quels instruments se sert-on pour la taille ? — Pour tailler, on se sert ordinairement de la serpette, de la scie, des cisailles et du sécateur.

De la manière de tailler les arbres.

Comment taille-t-on les arbres ? — On taille les arbres soit : 1° *à haute tige ;* 2° *en buisson ;* 3° *en éventail* ou *en espalier ;* 4° *en quenouille ;* 5° *en pyramide ;* 6° *en entonnoir*, etc.

Qu'est-ce que tailler à haute tige ? — Tailler à haute tige, c'est conserver trois ou quatre branches au haut de la tige au moment de la plantation et à les couper à trois ou quatre bourgeons pour que ceux-ci, en poussant la même année, croissent en s'écartant régulièrement de la tige. Après avoir, la seconde année, retranché les branches qui ont pris une mauvaise direction ou qui se sont trop inclinées vers le sol, on a soin d'en conserver de quatre à dix des plus belles, selon la grosseur de l'arbre, et qui soient placées à peu près à égale distance les unes des autres. On taille ces dernières d'après leur force et leur longueur jusqu'à ce qu'on ait enfin obtenu les résultats qu'on s'était proposé d'atteindre.

Qu'est-ce que tailler en buisson ? — Pour tailler en buisson, on laisse prendre à l'arbre sa forme toute naturelle ; puis on taille de manière à avoir le plus de fruits possibles tout en maintenant l'équilibre de la sève et tout en évitant la confusion des branches. La forme en buisson, donnée à un arbre, fait disparaître presque entièrement la tige.

Comment taille-t-on en éventail ou en espalier ? — La taille en éventail ou en espalier demande beaucoup de soins et de temps : dès la première année, ou année de la plantation, on ne touche pas à l'arbre ; mais quand la sève s'est développée, c'est-à-dire en mai ou en juin, on supprime tous les bourgeons inutiles ou mal placés. Au printemps de la deuxième année, on coupe les deux principales branches à une longueur de 0m,45 à 0m,60 centimètres, selon la vigueur de l'arbre. Ainsi taillées et attachées à un treillage, près duquel se trouve l'arbre, ces deux branches doivent représenter la lettre V. On laisse quelques bourgeons à un œil pour pouvoir donner du fruit. On conserve un autre bourgeon au-dessous de chacune des branches principales, afin de donner naissance à deux autres branches secondaires, soigneusement respectées. « La troisième année on coupe chaque bourgeon du bout des branches mères à $0^m,30$ ou $0^m,40$ centimètres, ainsi que les deux branches secondaires. Les branches à fruit se taillent à $0^m,16$ ou $0^m,32$ centimètres. A l'ébourgeonnement, on conserve un beau bourgeon de chaque côte, sur les deux branches mères, de manière à obtenir deux branches sous mères supérieures, et on les taille à 0^m, 16 centimètres, afin qu'elles se garnissent bien. On conserve toujours le bourgeon à la base d'une branche à fruit pour la remplacer l'année suivante La quatrième année, on taille et on ébourgeonne pour obtenir une nouvelle branche inférieure de chaque côte au-dessous de chaque branche existante. La cinquième annee, on obtient une nouvelle branche secondaire, supérieure sur chaque membre. Dans la suite, on taille de manière à obtenir des fruits et de nouvelles branches à bois qui garnissent successivement les intervalles. Après chaque taille, on attache les branches au treillage avec de l'osier, ou à un mur de plâtre avec un clou et un petit morceau d'étoffe embrassant la branche ; on tient l'espalier d'autant moins couvert qu'il est plus jeune »

Comment taille-t-on en quenouille? — Tailler en quenouille, c'est couper les pousses de la greffe à une longueur variant de $0^m,15$ à $0^m,50$ centimètres selon sa grosseur. « L'année suivante, les yeux de la tige, taillée convenablement, ont dû pousser des rameaux tout autour, dans toute sa longueur ; on supprime ceux qui gênent ; on coupe les autres à deux ou trois yeux, selon leur grosseur, en laissant ceux du bas un peu plus longs que ceux du haut, et on coupe de nouveau la tige à peu près à la même hauteur que l'année précédente. Les années suivantes, on continue de même en dirigeant les branches de manière à ce qu'il n'y ait pas de confusion ; on respecte tous les boutons à fruit qu'on reconnaît à leur grosseur, et les branches faibles qu'on se contente de raccourcir quelquefois un peu. » Les branches principales doivent être suffisamment espacées les unes des autres pour que l'air et les rayons solaires puissent pénétrer à travers les feuilles.

Qu'est-ce qu'une pyramide et comment la taille-t-on ? « On appelle pyramide un arbre fruitier garni de branches depuis sa base jusqu'à son sommet, et auquel on conserve par la taille une forme pyramidale. Les pyramides ne diffèrent des quenouilles que par l'inégalité qu'elles présentent dans la longueur des branches ; elles durent plus longtemps que les quenouilles et fournissent du fruit plus abondamment. On peut mettre en pyramides plusieurs espèces d'arbres qui se refusent a rester en quenouilles, comme les pruniers, les cerisiers, les abricotiers. Dans la taille des pyramides, l'art du jardinier consiste principalement a les tenir suffisamment garnies de branches, et cependant a laisser entre ces branches une distance telle que leurs fruits puissent jouir de l'action du soleil, à empêcher les branches les plus vigoureuses de prédominer et d'entraîner la sève vers elles seules, et à retarder autant que possible l'accroissement de ces arbres en hauteur et en largeur, lorsqu'une fois ils sont arrivés a fruit. »

Qu'est-ce que tailler en entonnoir ? — Tailler de manière a former un entonnoir, c'est supprimer la tige principale de l'arbre à une faible distance du sol, et préparer les jeunes branches à s'élever, tout autour, en forme de vase. « On doit ordinairement les tailler près d'un œil placé en dehors, pour les prolonger, et sur côté, pour obtenir des branches latérales, dont le nombre augmente à mesure qu'elle s'écartent davantage : on les palisse intérieurement à des cercles de plus en plus grands, placés à différentes hauteurs. »

TROISIÈME PARTIE

CHAPITRE QUINZIÈME

CINQUANTE-SEPTIÈME LEÇON

De l'Économie rurale.

Qu'est-ce que l'économie rurale ? — L'*économie rurale* est une science qui a pour but d'enseigner l'étude théorique et pratique des opérations agricoles et commerciales d'une ferme. Ainsi, les façons culturales, les achats et les ventes des produits végétaux ou animaux, etc., sont du ressort de l'économie rurale, qui veut dire également : « *Bonne administration des biens de la campagne.* »

L'économie rurale, que comprend-elle encore ? — L'economie rurale comprend encore : 1° la *construction des bâtiments ruraux ;* 2° *l'entretien des bestiaux* ; 3° *la comptabilité agricole.*

De la construction des Bâtiments ruraux.

Est-il important de choisir un emplacement convenable pour la construction des bâtiments ruraux ? — Le choix d'un emplacement convenable pour la construction des habitations de la campagne, est, en effet, de la plus grande importance. La santé de l'homme et celle des animaux souvent en dépendent.

Dans quel endroit doit-on placer les habitations rurales? — Les habitations rurales, ordinairement composées de la maison du cultivateur, des granges, des écuries et des étables, doivent être construites sur la partie la plus élevee et la mieux abritée du terrain, au centre de la ferme ou de l'exploitation. On a soin de les rapprocher le plus possible du voisinage des sources d'eau vive. Ce rapprochement est indispensable pour les besoins de la ferme.

Comment doit-on construire la maison d'habitation? — La construction de la maison du cultivateur doit se faire dans des conditions telles que l'air et la lumière, qui sont les premiers éléments de la vie, puissent y pénétrer librement. Plus une habitation en est pourvue, plus elle est salubre mieux elle est propre à conserver la santé et à prévenir les maladies. Donner à la maison un nombre suffisant d'ouvertures pour que l'air s'y renouvelle facilement, éviter de placer les portes dans la direction du nord au midi, planchéier les appartements, élever le plafond de 3 a 4 mètres de hauteur et prévenir l'influence de l'humidité et des vents, telles sont les principales règles hygiéniques garantissant la salubrite des logements.

Quels sont les principaux appartements d'une maison d'habitation? — Les principaux appartements d'une maison d'habitation sont la cuisine, la salle a manger et les chambres a coucher Par-dessus se trouve ordinairement, le grenier dans lequel on serre le grain. Quelquefois aussi ce dernier est placé au-dessus des étables et des écuries ; mais à cause de l'air chaud et humide qui s'en exhale, cette disposition est des plus mauvaises, pour la bonne conservation du grain.

Dans quelles conditions doit-on établir le

grenier destiné à recevoir le grain ? — Un grenier destiné à recevoir le grain doit présenter les conditions suivantes: l'air devant se renouveler facilement, un petit nombre d'ouvertures sont pratiquées dans la direction du nord au midi. De cette manière, il s'établit, lorsqu'on les ouvre, un courant actif et puissant. Mais que pour la lumière et la chaleur s'introduisent difficilement dans le grenier: on pourvoit ces ouvertures de volets fermant bien hermétiquement. On a soin aussi de boucher tous les trous donnant accès aux souris et aux rats qui, dans ce lieu, occasionnent souvent des dégâts considérables.

Comment place-t-on les grains dans le grenier ? — Après avoir bien nettoyé et bien brossé le plancher, afin de le débarasser de la poussière, des insectes et de leurs larves, on met les grains en tas de 0m,20 à 0m,30 centimètres d'épaisseur pour le blé nouveau ; celui qui est plus vieux se place en couches épaisses de 0m,40 à 0m,70 centimètres.

Quels sont les soins à donner aux grains ? — Pour tenir les grains dans un bon état de conservation, il est indispensable de les remuer souvent au moyen d'une pelle en bois : ce travail qui, a pour but de les exposer à l'air et de les rafraîchir, doit se faire deux fois par semaine lorsque le temps passe subitement d'une température chaude à une température froide et humide. Et si les grains doivent être conservés pendant plusieurs années, il est nécessaire de les soumettre au *tarare* et au *crible*.

Quels sont les plus grands ennemis des tas de blé ? — Les deux ennemis implacables du blé sont: 1° la fermentation, qui altère la partie nutritive du grain ; 2° les insectes, tels que le *charançon* et *l'alucite*, qui le dévorent. Pour combattre ces deux fléaux, on conseille le pelletage, le vannage, le criblage du grain, les courants d'airs continuels; mais, la plupart du temps, ces moyens trop négligés, sont insuffisants pour sauver le blé de son parasite et de la fermentation. On a alors recours aux greniers mécaniques dans lesquels le pelletage et l'aération se font constamment.

CINQUANTE-HUITIÈME LEÇON

Des Écuries et des Étables.

Comment doit-on construire une écurie? — *L'écurie*, qui est l'habitation du cheval, doit être construite de telle façon que l'air et la lumière y pénétrent facilement. Le terrain doit être sec et sain; la position, à l'est ou au midi, dans les pays du nord surtout. Cet animal ayant besoin d'une grande quantité d'air, il est nécessaire que des ouvertures soient ménagées et combinees de manière a ce que les courants ne lui soient point nuisibles. Pour cela, il faut que les fenêtres, élevées au-dessus des râteliers, soient pourvues de ventilateurs et de trapes s'ouvrant et se fermant a volonté. Ainsi pratiquées, ces ouvertures donneront accès a l'air et en permettront aisement le renouvelment. La hauteur d'une écurie ne doit pas être moindre de 3 à 4 metres et la largeur de la place occupée par chaque cheval, de 1m,50 a 2 mètres environ. Le sol, en pente et pavé uniformément, aura une petite rigole derrière les animaux, afin de permettre l'écoulement de leurs urines.

Comment doit-on construire une étable ? — La construction d'une *étable*, nom donné au logement des bœufs, exige des conditions de salubrité qu'on n'observe pas généralement : il n'est pas rare de voir, dans nos campagnes, des étables basses, étroites, mal aérées, malsaines et surtout privées de lumière. On a la funeste habitude de réunir, dans un même lieu, les bœufs, les moutons, les chevaux, les porcs, etc., et même les volailles. Par le manque d'air et de lumière, ces animaux y contractent des maladies qui sont quelquefois très graves. Les chevaux y deviennent souvent farcineux, morveux, et les vaches, phthisiques, etc. On peut prevenir ces diverses maladies en construisant des étables selon les règles de l'hygiène la plus elementaire. Et ce que nous avons dit de l'écurie, peut s'appliquer également à la construction de ces dernières.

Que doit-on faire pour tenir une écurie ou une étable dans un parfait état de propreté ? — Pour tenir une écurie ou une étable dans un état constant de propreté, il est indispensable de récrépir les murs à chaux et à sable, de les blanchir à l'eau de chaux au moins une fois chaque année, et d'enlever, aussi souvent que le besoin s'en fait sentir, les excréments des animaux qui, en séjournant pendant longtemps dans ce lieu, occasionneraient une fermentation malsaine et dangereuse.

Que doit-on faire pour désinfecter une écurie ou une étable lorsqu'elle a renfermé quelque animal atteint d'une maladie grave ou contagieuse? — Lorsque l'écurie ou l'etable a contenu quelque animal atteint d'une maladie grave ou contagieuse, il faut, sans perdre un instant, procéder à la désinfectiou du logement. Cette opération, qui consiste à assainir l'air vicié par le renouvellement de l'air pur et à détruire le virus des corps infectants par des lavages, des raclages et des nettoyages, se fait au moyen des fumigations de chlore et d'eau de chaux fortement chlorurée.

CINQUANTE-NEUVIÈME LEÇON

—

De l'entretien des Bestiaux

Dans quelles conditions doit-on entretenir les bestiaux pour qu'ils jouissent d'une bonne santé ? — Trois principales conditions sont indispensables pour entretenir les bestiaux dans un bon état de santé : 1° par la pureté de l'air, 2° par une bonne construction de leur logement ; 3° par une nourriture saine et confortable. Ces deux premiers points ayant été traités précédemment, nous ne nous occuperons donc que du troisieme.

Est-il important de veiller sur la nourriture des bestiaux? — Il est, en effet, de la plus grande importance de veiller sur la nourriture des bestiaux : pour qu'ils aient une bonne santé, il ne faut pas seulement s'appliquer a la qualité, mais encore a la bonne distribution de leurs aliments « La nourriture doit être saine appropriée a l'espèce comme à l'âge des bestiaux, et proportionnée a leurs besoins. Quand les changements de saison amènent les changements de nourriture, il faut habituer graduellement les bestiaux au nouveau régime qu'ils vont suivre. Il peut être tres dangereux de les faire passer brusquement de la nourriture de l'hiver a la nourriture du printemps, et réciproquement. »

L'exercice et la propreté sont-ils nécessaires aux bestiaux ? — Comme à l'homme, l'exercice et la propreté sont indispensables à la santé des bestiaux : le premier provoque la circulation du sang et prédispose à la nourriture. On a même remarqué que les vaches qu'on livrait à un exercice modéré, donnaient du lait de meilleure qualité et en plus grande quantité ; la seconde est malheureusement trop negligée par la plupart des cultivateurs. Il n'est pas rare de voir, en entrant dans une étable, tous les bestiaux couverts de fiente attachée a leurs poils : certes, il serait difficile, pour ne pas dire impossible, de les tenir dans un état constant de proprete ; mais, au moins, en les frottant une ou deux fois par jour, on préviendrait cette triste situation et les maladies qui en sont la suite évidente.

Qu'appelle-t-on bêtes à cornes ? — On appelle *grand bétail* ou *bêtes à cornes*, les bœufs, les vaches, exécutant la plupart des travaux de la terre, les taureaux, les génisses et les veaux.

Qu'appelle-t-on petit bétail ? — Le mouton, la brebis, la chèvre et le cochon constituent le *petit bétail*.

Quelles sont les races de bêtes à cornes les plus estimées en France ? — Les races *bovines* les plus estimées en France sont : 1° les *salers*, 2° les *garonnais*, 3° les *limousins*, 4° les *nivernais* 5° et les *bretons* pour les bœufs de trait ou de travail ; 1° les *flamandes*, 2° le *normandes* et 3° les *bretonnes* pour les vaches. Ces dernières sont réputées pour être bonnes laitieres.

Pourquoi élève-t-on les bêtes bovines ? — On éleve les bêtes bovines pour en obtenir du lait, de la viande, du fumier, des elèves et enfin du travail. Dans un grand nombre d'exploitations agricoles, on obtient simultanément tous ces produits, tandis que dans d'autres, on s'attache seulement à en obtenir un ou deux. Ces rapports varient donc selon les besoins des populations et les contrées dans lesquelles on se trouve.

Quel doit-être le type d'un bœuf de travail? — Parmi les nombreuses races de bêtes bovines françaises, on peut trouver facilement un modèle d'un beau bœuf de travail. Ce modèle le voici · « Un tel bœuf doit être bien ouvert du poitrail et des hanches, bien établi sur ses quatre membres; ses jambes, de hauteur médiocre, doivent être nerveuses, sans être trop fortes: il doit avoir des jarrets larges, une tête de moyenne grandeur, la côte arrondie, un ventre qui ne soit ni gros, ni pendant, un garrot et des reins larges, un dos rectiligne du garrot à la croupe, des hanches peu saillantes, la queue bien attachée et s'élevant un peu au-dessus de la croupe, la cuisse arrondie, les cornes bien contournées, les pieds solides. Le bœuf de travail doit être en outre de taille et de force appropriées au sol qu'il est destiné à cultiver. Il doit être docile, agile et peu délicat sur la nourriture. » Il est dressé au travail dès l'âge de deux a trois ans.

A quels signes reconnaît-on une bonne vache? — La vache, qu'on destine à la production du lait, travaille peu la terre lorsque surtout dans la ferme il y a un nombre de bœufs suffisants pour la culture. On reconnaît une bonne vache laitière aux signes suivants : « Elle a ordinairement la peau souple, moelleuse, bien détachée, la charpente osseuse, legère, le poil fin, peu de fanon, des veines mammaires grosses et ondulées, qui s'avancent bien sous le ventre, les *sources* larges. Quelquefois deux veines partent du pis de chaque côté, éloignées l'une de l'autre d'environ la largeur d'une main, et se réunissent un peu avant la source. En général, plus les veines ont de capacité, plus elles indiquent un afflux considérable de sang au pis. »

Qu'est-ce que le taureau? — Le *taureau*, ou jeune bœuf, est le mâle de la vache. Il serait imprudent de le laisser dans la même étable que cette dernière.

Peu employé au travail de la terre, il sert principalement à la reproduction.

A quels signes reconnaît-on un bon taureau? — Un bon taureau se reconnaît aux signes suivants : « Il doit avoir le corps gros, mais plutôt par le développement des muscles que par la grosseur des os, qui, en général, doivent être petits et peu saillants; la chair ferme et d'un tissu serré, la tête courte et garnie de cornes grosses, noirâtres et régulièrement disposées ; le front et la face larges ; l'œil noir, le regard assuré et fier; les oreilles longues et velues, le *mufle* grand et carré, le nez court et droit, le cou gros, nerveux, rassemblé; les épaules fortement attachées et libres, la poitrine ouverte et profonde, le fanon pendant jusque sur les genoux, les jambes courtes, les reins forts, le dos droit, la cuisse large et pleine, le jarret détaché et musculeux, la queue longue et touffue, le poil fin, serré, luisant et doux au toucher. »

De quelle manière doit-on dresser les bestiaux au travail? — Pour dresser les bestiaux au travail, il faut, dès leur naissance, les habituer à un travail proportionné à leurs forces, l'augmenter progressivement selon leur âge et leur adresse. La douceur, la patience et les caresses sont des moyens qui réussissent presque toujours dans le *dressage* des bestiaux au travail. Mais, soumettre les bestiaux à un travail excessif, les rudoyer, les maltraiter, quoique étant parfaitement dressés, c'est faire preuve d'insensibilité et de brutalité. Traités de la sorte, ils deviennent souvent rétifs, mutins et parfois très dangereux. Des exemples de cette nature se produisant chaque jour, l'attestent surabondamment.

Comment reconnaît-on l'âge des bestiaux? — L'âge des bêtes bovines se reconnaît par les dents et par les cornes. Le bœuf a en tout trente-deux dents : vingt-quatre, dites mâchelières, à la mâchoire supérieure et huit incisives, à la mâchoire inférieure. Les premières dents, ou dents de lait, tombent à dix mois. Quelques agriculteurs distingués croient que cette date doit être reculée a seize et même à dix-huit mois. Ces dents sont remplacées par d'autres plus larges, mais moins blanches; à seize mois, les voisines tombent aussi, et a trois ans toute la dentition de lait est complètement renouvelée. A l'âge adulte, le bœuf a des dents égales, longues et passablement blanches; mais, au fur et à mesure qu'il vieillit, elles s'usent et se noircissent. Les cornes fournissent aussi des indices de l'âge des bestiaux par leur longueur et par un cercle, qui se forme chaque année à leur base.

Quels sont les soins hygiéniques à donner aux bestiaux? — Indépendamment des soins de nourriture à donner aux bestiaux, il faut encore leur donner des soins habituels de propreté : faire chaque matin un pansement à la main avec un bourrelet de paille ou avec une étrille; peigner la crinière; laver les yeux et le mufle avec une eponge; engraisser la corne des pieds quand elle est sèche; renouveler la litière aussi souvent que le besoin s'en fait sentir; lorsqu'ils reviennent des champs, éviter de les mettre dans des pâturages humides et de les conduire à l'abreuvoir tout de suite après; s'ils sont couverts de sueur, les bouchonner en rentrant à l'étable; tels sont les soins hygiéniques qu'exigent ces animaux. De cette manière, on prévient inévitablement un grand nombre de maladies qui, chez eux, déterminent promptement la mort.

SOIXANTIÈME LEÇON

—

Des maladies des Bestiaux.

Quelles sont les principales maladies qui atteignent les bestiaux? — Les principales maladies qui atteignent les bestiaux sont: 1° le *typhus*; 2° la *pleuromonie*; 3° le *charbon*, etc. Ces maladies, qui sont contagieuses aussi bien pour les animaux que pour l'homme, se désignent sous le nom d'*épizootie*. Elles sont toujours très dangereuses, et demandent les soins d'un vétérinaire. D'autres, moins graves et pouvant se guérir sans le secours du médecin, se nomment: 1° la *suffocation*; 2° la *météorisation*; 3° la *constipation*; 4° l'*engorgement du fourreau*; 5° les *foulures des pieds*; 6° les *luxations*, etc.

Par quoi sont occasionnnées les maladies qui affectent le plus généralement les bestiaux? — « Les maladies qui affectent le plus ordinairement les bestiaux, et surtout les vaches, sont occasionnées, soit par l'excès de nourriture, soit par la présence des vers, soit par l'humidité des herbes. La trop grande quantité de nourriture donne lieu à des indigestions ou à la suffocation par abondance de sang. »

Que faut-il faire dans ce cas? — Ce qu'il y a de mieux à faire dans ce cas, c'est de supprimer la nourriture, soit en totalité, soit en partie seulement, jusqu'à ce que l'animal malade se trouve mieux.

Qu'est-ce que la suffocation? — La *suffocation* n'est autre chose qu'une pomme de terre, une pomme, un navet, une carotte, en un mot, un corps quelconque, arrêté dans l'œsophage; il occasionne un gonflement qui gêne ou intercepte la respiration ; si ce corps n'est pas promptement expulsé, il peut déterminer la mort.

Quel est le remède à employer contre la suffocation? — « Si le danger n'est pas trop pressant, on laisse agir la bête, dont les efforts parviennent quelquefois a rejeter ou à avaler l'objet qui menace de l'étouffer ; mais si elle ne peut y parvenir, le moyen le plus simple à employer, c'est de retirer le corps avec les mains, si cela est possible, soit avec tout autre objet si on peut le saisir dans la gorge. Sinon, on le fait descendre dans l'estomac à l'aide d'une baguette flexible, ou d'un nerf de bœuf garni à son extrémité d'une boule de linge bien graissé avant de l'introduire dans la gorge. »

Qu'est-ce que la météorisation? — On appelle *météorisation* le gonflement de l'abdomen, des deux flancs, mais particulièrement du flanc gauche.

D'où provient la météorisation? — La plupart du temps, la météorisation provient d'une indigestion, et de gaz qui, ne pouvant s'echapper au dehors, s'accumulent dans le ventre et le distendent d'une façon extraordinaire. Le trèfle et la luzerne, mangés gloutonnement, ainsi que les pommes de terre crues, les choux, les navets et bien d'autres végétaux, peuvent déterminer la météorisation.

A quelles marques reconnaît-on un animal météorisé ? — Le ventre de l'animal météorisé gonfle, mais surtout du côté gauche ; il résonne comme un tambour. La bête tend le cou, ouvre les narines et la bouche, respire difficilement, éprouve de la stupeur, de l'immobilité. Le mal progresse rapidement, et amène promptement la mort.

Quels sont les soins à donner à un animal atteint de météorisation ? — Les premiers soins à donner à un animal météorisé, c'est de lui mettre un obstacle dans la bouche pour que les gaz s'échappent plus facilement, de lui tenir la tête très élevée et de le faire marcher doucement. Quelquefois, cela suffit : l'animal rend des gaz par la bouche, urine et fiente. Le mal cesse ; mais s'il persiste, on lui administre alors un breuvage très salé ; ou mieux encore : 30 à 40 grammes d'alcali volatil dans un demi-litre d'eau, qu'on lui fait boire en deux ou trois fois, à dix minutes d'intervalle. Si tous ces moyens ne peuvent soulager la bête, on a alors recours au *trocart*, instrument précieux dans une ferme, qu'on lui enfonce dans le *creux du flanc gauche*.

A quel indice reconnaît-on la constipation ? — On reconnaît qu'un animal est constipé par la rareté ou la suppression presque complète de ses déjections. On guérit ordinairement cette maladie par des lavements émollients, une diète absolue ou par du lait pur pour toute nourriture. Si la constipation persiste, on a recours au sulfate de soude.

NOTA. Les autres maladies, citées dans cette leçon étant plus rares et exigeant les soins du médecin-vétérinaire, nous avons cru devoir ne pas nous en occuper.

SOIXANTE-UNIÈME LEÇON

De l'Engraissement des Bestiaux.

Quels sont les bestiaux qu'on engraisse pour la boucherie ? — Les bestiaux engraissés pour la boucherie sont : les bœufs et les vaches.

Quelles sont les méthodes employées pour

l'engraissement des bestiaux ? — Trois principales méthodes sont actuellement en usage pour l'engraissement des bestiaux : 1° dans les pâturages ; 2° en partie dans les pâturages et en partie à l'étable ; 3° enfin, exclusivement à l'étable. Cette dernière méthode paraît prévaloir à peu près partout.

Tous les bœufs sont-ils aptes à être engraissés ? — Toutes les races de bœufs et tous les bœufs, aussi bien les bœufs de travail que les bœufs précoces, peuvent être engraissés : les premiers entre sept et dix ans et les seconds, ne travaillant jamais, entre trois et quatre ans. En France, à cause du travail, on engraisse peu ces derniers. Mais tous ne présentent pas les mêmes dispositions a l'engraissement.

Quel est le type d'un beau bœuf à engraisser ? — Voici, d'après Favre, le portrait d'un beau bœuf à engraisser : « Des formes agréablement arrondies et des chairs élastiques au toucher, des jambes minces, plutôt courtes que longues, un corps allonge, les flancs pleins, la côte ronde et un peu de ventre ; une peau mince, souple, très-mobile sur les côtes, avec le poil fin, court peu touffu, bien lustré et de teinte légère ; des fesses peu fendues et bien charnues : ce qu'on désigne en disant *bien culotté ;* les reins larges et un garrot gras, un cou épais, plutôt court que long, un poitrail évasé avec les épaules rondes ; une tête longue et fine, avec les yeux saillants, le regard vif, doux et assuré ; des cornes minces et de substance fine, presque transparente ou de couleur blanchâtre ; la castration ayant eu lieu à la mamelle ; le caractère doux et l'appétit bon ; cinq ans accomplis dont deux employés à un travail léger. Tel est le modèle idéal d'un bœuf à engraisser. »

Quelles sont les races préférées pour l'engraissement ? — Les races préférées pour l'engraissement, parmi les races françaises, sont : 1° la *race limousine* ; 2° la *race garonnaise* ; 3° la *race charollaise* ; 4° la *race nivernaise* ; 5° la *race bretonne* ; 6° enfin la *race poitevine*. Et parmi les races étrangères on distingue : 1° les *races anglaises* de *Durham*, à cornes courtes ; 2° les *races américaines* ; 3° enfin les *races allemandes*.

A quelle époque doit-on commencer l'engraissement des bestiaux? Toutes les saisons paraissent convenables pour l'engraissement des bestiaux : cependant, à cause des travaux moins pressants en hiver, on préfère généralement cette saison parce que le froid incommode moins les bestiaux que la chaleur et les insectes. Commencé en novembre ou en décembre, l'engraissement, durant cinq mois, se termine en mars ou en avril.

Comment engraisse-t-on les vaches ? — Les vaches s'engraissent de la même manière que les bœufs. C'est un tort de croire que leur viande soit inférieure en qualité à celle de ces derniers. Si la vache est jeune et bien portante, si elle a été *castrée* de bonne heure, sa viande est aussi succulente que celle du bœuf, et souvent elle est meilleure.

Quel est le mode d'engraissement le plus généralement adopté ? — Chaque pays a son mode d'engraissement ; mais celui qui est le plus généralement adopté est le suivant : « Lorsque les semailles sont terminées, vers les premiers jours de novembre, on ne fait plus sortir les bœufs que pour les promener, et on les nourrit abondamment avec du foin choisi, des choux et des raves. On partage leur journée en douze repas, de manière qu'ils n'aient pas deux fois de suite le même aliment. Chaque repas est peu abondant. Dès quatre heures du matin, on donne du foin, puis des raves, puis du foin, etc. Au printemps, on fait entrer dans leur régime du seigle, des vesces et autres plantes coupées en vert. Sur la fin, on ne les fait plus sortir, même pour boire, et c'est alors qu'on leur distribue du seigle, du froment, de l'avoine, le plus souvent grossièrement moulue et délayée dans de l'eau, ainsi que des châtaignes et des glands. Une propreté scrupuleuse est indispensable : on lave la crèche et l'auge, on renouvelle la litière, on étrille et on bouchonne les animaux tous les jours. »

Quelles sont les règles à suivre dans l'engraissement des bestiaux ? Pour engraisser les bestiaux, on ne doit jamais perdre de vue les règles suivantes : 1° pousser rapidement les bestiaux à l'engraissement, c'est abaisser le prix de revient du poids acquis ; 2° éviter la surabondance de nourriture ; 3° donner celle-ci proportionnellement à la progression de l'embonpoint et à la diminution de l'appétit ; 4° suspendre au râtelier un sac de sel, afin que l'appétit des bestiaux se développe en le léchant.

SOIXANTE-DEUXIÈME LEÇON

Du petit Bétail.

Du Mouton et de la Brebis.

Pourquoi élève-t-on le mouton et la brebis ? — On élève le mouton et la brebis à deux points de vue bien différents : 1° pour la production de la laine qu'ils donnent et avec laquelle il se fait un grand commerce ; 2° pour la viande avec laquelle nous nous nourrissons. Les bêtes à laine ne sont donc ni moins utiles, ni moins précieuses que les bœufs, desquels nous avons parlé aux leçons précédentes.

Quelles sont les races qu'on élève le plus en France ? — De toutes les races ovines, celles qui sont préférées pour la laine sont, parmi les françaises : 1° la *race mérinos*, originaire d'Espagne, particulièrement élevée dans le midi de la France ; 2° la *race de Gex ;* parmi les étrangères : 1° les *mérinos purs d'Espagne ;* 2° les *mérinos croisés d'Australie ;* 3° les *races anglaises.*

Quelles sont les races qu'on élève le plus pour la boucherie ? — Les races qui conviennent le plus à la boucherie sont : 1° la *race ardennaise ;* 2° la *race bretonne ;* 3° la *race limousiné ;* 4° la *race solognaise.*

Est-il bien facile de reconnaître l'âge des bêtes à laine ? – Comme pour les bœufs, l'âge des bêtes ovines se reconnaît facilement aux dents : à un an, un mouton ou une brebis a deux dents ; à deux ans, quatre ; à trois ans, six ; à quatre ans, huit. A partir de cet âge, le mouton ne met plus de dents. En vieillissant, ces dernières deviennent inégales et noires. Elles commencent à tomber lorsque l'animal a atteint sa neuvième ou dixième année. Et plus tôt, s'il a été malade ou si sa santé a été chancelante.

Quels sont les soins à donner aux bêtes ovines ? — Les bêtes ovines exigent des soins spéciaux sur la nourriture et sur la propreté du corps. On doit leur donner, matin et soir, une ration de fourrage sec en ayant soin de la diminuer graduellement à mesure que les bêtes s'habituent à une nouvelle nourriture. Un changement brusque leur serait nuisible. Les terrains incultes sur lesquels croissent les bruyères et diverses graminées offrent aux moutons et aux brebis une nourriture, qui doit être regardée comme un tonique fort utile. L'herbe mouillée leur étant très funeste, il ne faut jamais sortir le troupeau avant que le brouillard et la rosée aient complètement disparu. Tenir la bergerie propre, faire boire aux bêtes à laine une eau pure, éviter les coups de sang auxquels elles sont exposées en restant longtemps au soleil, les éloigner le plus possible des pâturages humides, tels sont les principaux soins hygiéniques qu'il convient de leur donner.

Les bêtes ovines sont-elles sujettes à de graves maladies ? — Les bêtes ovines sont sujettes comme les autres animaux, à de graves maladies, dont les principales sont : 1° la *pourriture* ; 2° le *claveau* ou *clavelee* ; 3° le *tournis* ; 4° le *piétin*, ou *mal blanc*, ou *fourchet*.

Qu'est-ce que la pourriture ? — La *pourriture* est une maladie qui désorganise les poumons et décompose le foie des bêtes à la laine : elle est occasionnée par les pâturages humides, les froids excessifs et les pluies continuelles du printemps et de l'automne.

A quels signes reconnaît-on cette maladie ? — Cette maladie se reconnaît ordinairement aux signes suivants : l'animal, qui en est atteint, devient triste, morne et rumine lentement. « Il a les oreilles froides et la tête, pour ainsi dire, collée sur la litière. » En attendant l'arrivée de l'homme de l'art, il faut s'empresser de répandre sur la paille une grande quantité d'eau salée dans laquelle on a eu soin de mettre une forte dose de vinaigre ou d'acide acétique.

Qu'est-ce que le claveau ou clavelée ? — Le *claveau* ou *clavelée* est une maladie qui se manifeste d'abord par des taches rouges et ensuite par des boutons. Elle n'attaque le troupeau que partiellement.

A quels signes reconnaît-on le claveau ou clavelée ? — Une forte toux chez l'animal, la tête basse et le nez morveux dénotent suffisamment la présence de cette maladie. La plupart du temps la bête succombe ; mais cependant, si les secours ont été prompts et si les remèdes ont été bien compris et administrés, elle peut parfaitement guérir. Le claveau se prévient souvent par l'*innoculation*. On doit se hâter de séparer les animaux malades de ceux qui ne le sont pas, et de désinfecter la bergerie par les moyens que nous avons indiqués pour les étables.

Qu'est-ce que le tournis? — On connaît le *tournis* aux agitations convulsives, aux impatiences et aux trépignements de la bête, occasionnés par la présence dans le cerveau d'une espèce de ver, appelé *hydatide*. Dans cette maladie, les soins du vétérinaire sont indispensables.

Qu'est-ce que le piétin, mal blanc ou fourchet? — « Le *piétin*, *mal blanc* ou *fourchet* est une espèce de panaris qui vient sous la corne du pied de l'animal, ordinairement à l'un des côtés intérieurs de la fourchette. » Les bergeries mal tenues donnent naissance à cette maladie. Dès qu'une bête boîte, elle en est probablement atteinte : visiter souvent les pieds de l'animal, les nettoyer avec un instrument tranchant, les humecter avec de l'acide nitrique et recommencer souvent cette opération lorsque le mal résiste, tels sont les soins à donner aux bêtes ovines atteintes du piétin.

Comment engraisse-t-on les moutons? — Pour engraisser les moutons, il est nécessaire de leur donner une nourriture substantielle et forte. On les fait pâturer dans de bons herbages : ceux qui conviennent le plus à l'engraissement sont la luzerne, le sainfoin, le trèfle, le ray-grass et le regain des prairies naturelles. On leur donne aussi des raves, des navets et des choux, soit au râtelier, soit dans les auges. Pris modérément, le sel produit d'excellents effets sur les moutons que l'on veut engraisser.

SOIXANTE-TROISIÈME LEÇON

De la Comptabilité agricole.

De l'utilité de la Comptabilité agricole.

Victor Borie a dit: « Il n'y a pas d'agriculture sérieuse sans comptabilité ; il n'y a pas de comptabilité sérieuse sans exactitude. » Paroles bien vraies, car, sans comptabilité, il nous est matériellement impossible de savoir ce que nous possédons, ce que nous devons et ce qui nous est dû. Avec une comptabilité régulièrement tenue, nous connaissons, au contraire, ce que rapporte notre travail, ce que produit tel procédé, telle opération, telle propriété. Nous sommes toujours en mesure d'établir un juste équilibre entre nos revenus et nos dépenses. Agir autrement, ne serait-ce pas s'exposer à tomber dans la confusion et à pêcher en eau trouble? Que d'agriculteurs, que de riches propriétaires même se sont complètement ruinés pour n'avoir pas tenu une comptabilité sérieuse et régulière!

L'utilité d'une comptabilité agricole est donc incontestablement reconnue. A l'appui de ce que nous venons de dire, voici ce que nous lisons dans un rapport d'une société d'agriculture : « Si l'ordre et l'économie sont des conditions essentielles de succès et de prospérité, c'est surtout en agriculture. Tout cultivateur soigneux de ses intérêts, doit être en mesure de se rendre chaque jour un compte fidèle de sa situation financière et de connaître clairement son actif et son passif, ses recettes et ses dépenses, pour établir au moins un équilibre entre ces dernières, s'il ne peut parvenir à faire pencher de suite la balance du côté des bénéfices; or, il ne peut y arriver qu'au moyen d'une comptabilité régulière.

Nous savons qu'il y a peu de cultivateurs qui n'aient pas une espèce de comptabilité particulière ; mais la plupart du temps ce sont des notes si défectueuses, tenues si peu exactement et d'une manière si peu méthodique, qu'autant vaudrait peut-être ne rien faire du tout. Les gens de la campagne se font généralement une fausse idée de la comptabilité rurale; ils s'imaginent que, comme la comptabilité commerciale, elle demande des études spéciales. C'est une erreur. Les notes que beaucoup d'entre eux tiennent, rangées avec méthode et complétées, pourraient constituer une comptabilité suffisante. Il faut que la comptabilité soit pour l'agriculteur le moyen de se rendre compte de ses affaires et non une occasion de perdre son temps à des écritures inutiles. »

Ces inconvénients tendent à disparaître : ils disparaîtront complètement lorsque les habitants de nos campagnes comprendront toute l'utilité qu'il y a à tenir la comptabilité d'une exploitation quelconque ; lorsqu'ils seront tout naturellement amenés à mettre en pratique les leçons qu'ils auront reçues à l'école primaire ; lorsque, au lieu d'oublier ce qu'ils auront appris, comme cela a lieu aujourd'hui, ils entretiendront et perfectionneront les connaissances qu'ils auront acquises, soit par la lecture des bons livres soit par la perspective de revenus visibles, certains, palpables, ils aimeront beaucoup plus la vie des champs. Et, au lieu d'aller grossir la population des villes, où ils ne trouvent presque toujours que dégoûts, vices et déceptions, ils s'attacheront davantage au sol qui les a vus naître. Leurs enfants eux-mêmes, formés par de tels exemples, contracteront de bonne heure des habitudes de travail, d'ordre et d'économie ; par ce contact mutuel et par les bienfaits que procure toujours l'instruction, ils apprendront vite tout ce qui pourra resserrer les liens de l'amitié, de la famille et de la société.

Qu'est-ce qu'on entend par la comptabilité agricole ? — Par comptabilité agricole, on entend toutes les écritures que l'on fait pour établir clairement les dépenses qui résultent de la culture d'une propriété, et les revenus qu'elle rapporte.

Qu'appelle-t-on dépenses ? — On appelle *dépenses* les divers achats auxquels on a recours pour l'exploitation de la propriété, tels que : 1° achat du terrain ; 2° celui des bestiaux, des semences, des outils, des engrais, de tous les objets indispensables à la culture ; 3° la nourriture des animaux et l'entretien des bâtiments et des instruments aratoires ; 4° les ouvriers, les domestiques, etc. En un mot, tout ce qui constitue un déboursé quelconque fait partie des dépenses.

Qu'appelle-t-on recettes? — On appelle *recettes* toutes les ventes, de quelque nature qu'elles soient, que l'on a faites dans le courant de l'année et provenant de l'exploitation de la propriété rurale ; ainsi : 1° la vente des récoltes de tout genre ; 2° le bénéfice que l'on fait sur les bestiaux et sur leurs produits ; 3° les fumiers, etc., appartiennent aux recettes.

Combien distingue-t-on de sortes de comptabilités? — En agriculture, comme dans le commerce, on distingue deux sortes de comptabilités : 1° la comptabilité en partie simple ; 2° la comptabilité en partie double.

Quels sont les livres qui composent la première? — La comptabilité en partie simple demande trois livres, savoir : 1° la *main-courante* ; 2° le *grand-*

livre; 3° le *livre d'inventaire*. Au moyen de ces trois livres, dont nous donnons plus loin un spécimen, un cultivateur intelligent pourra toujours obtenir, sans efforts, tous les renseignements désirables sur sa propriété. Il ne s'agit ici, bien entendu, que d'une exploitation ordinaire : une plus grande exploitation exigerait des détails plus longs et plus circonstanciés. Dans ce cas, l'emploi de la comptabilité en partie double deviendrait absolument indispensable. Mais, pour ne pas sortir du cadre que nous nous sommes tracé, nous ne nous occuperons point de cette dernière.

Qu'est-ce que la main-courante ? — La *main-courante* est le livre qui fait connaître les recettes et les dépenses de chaque jour. Il se compose de six colonnes dont une horizontale et les cinq autres verticales, en tout semblables au modèle qui se trouve d'autre part. On y inscrit toutes les recettes et les dépenses en argent de quelque nature qu'elles soient, s'effectuant dans l'année. En tête, au milieu de la page, on écrit ces mots : année 1879, au-dessous, main-courante. Dans la première colonne à gauche, on met le quantième du mois, ou la date à laquelle s'est opérée la recette ou la dépense ; dans la deuxième, on inscrit tous les détails des objets qui ont motivé les recettes ou les dépenses, avec des explications simples, mais faciles à saisir ; dans la troisième et la quatrième, les francs et les centimes reçus ou dépensés ; la cinquième, enfin, est la colonne des observations lorsqu'on a à en faire.

Qu'est-ce que le grand-livre ? — Le *grand-livre* est la représentation résumée en doit et en avoir de la main-courante. Le doit est la dépense ; l'avoir, la recette. Divisé en deux pages, ce livre se compose d'une colonne horizontale et de cinq autres verticales, semblables au modèle que nous donnons ci-après : en tête de la page de gauche, on inscrit l'année et au-dessous, le doit et le nom de l'immeuble avec la nature de la récolte qu'il a reçue ; dans la colonne horizontale, on met ces mots : dates, nature des dépenses et montant de ces dernières. Les dépenses faites pour l'immeuble sont détaillées dans les colonnes verticales. On laisse la dernière pour recevoir les observations, si l'on croit devoir en faire. La page de droite dans laquelle on inscrit les produits vendus, provenant du même champ, est disposée de la même manière que celle de gauche. On ne change que le doit par l'avoir, et la nature des dépenses par celle des recettes. De cette façon, un coup d'œil rapide, jeté sur le registre, sera suffisant pour avoir des renseignements exacts sur les dépenses occasionnées par les diverses cultures, et sur les recettes que celles-ci auront produites.

Qu'est-ce que l'inventaire ? — L'*inventaire* n'est autre chose que la liste complète de tout ce que l'on possède tant en immeubles qu'en mobilier, bestiaux, grains, fourrages, argent, créances, etc. On réunit toutes les sommes en un seul total, dont on déduit ce que l'on doit. De la sorte, on obtient exactement le montant de son avoir. Chaque année, à la fin du mois de décembre, on fait l'inventaire. A cette époque, les travaux étant moins pressants que pendant les autres saisons, le cultivateur peut se livrer à cette occupation sans que les autres en vaillent de moins.

Année 1879.

Main-Courante.

DATES	DÉTAIL DES OBJETS motivant les recettes ou les dépenses	MONTANT des recettes		MONTANT des dépenses		OBSERVATIONS
	Mois d'Avril 1879	f.	c.	f.	c.	
1	Argent en caisse	175	»	»	»	
2	Reçu pour un bœuf, à Granger, Louis. .	395	»	»	»	
3	— 5 hectol. de blé, à Deltreuil, P.	125	»	»	»	
4	— 3 pièces de vin, à Cluzeau, L.	120	»	»	»	
5	Payé 2 roues à Courteix, Jean, charron.	»	»	55	75	
5	Reçu pour 2 moutons, à Bonnet, P., bouchr	53	25	»	»	
10	Payé 1 pantalon à Dubuisson, tailleur. .	»	»	30	50	
12	— 2 bœufs à Pistre, Ant., propriétaire.	»	»	675	»	
14	— 1 herse Valcourt, à Réalle, négociant	»	»	45	»	
15	— les impositions du 1er trimestre. . .	»	»	50	»	
15	Reçu pour 50 quintaux de foin, à Veyne.	175	50	»	»	
18	— 15 hectol. de maïs, à Martin, L.	225	»	»	»	
23	— 1 bœuf, à Labaisse, J., bouchr	675	»	»	»	
24	Payé 1 table en noyer, à Laguionie, menr.	»	»	45	»	
28	— aux ouvriers pour la semaine. . . .	»	»	33	75	
29	— 1 charrue Dombasle, à M. Réalle, négt	»	»	125	»	
		1943	75	1060	»	
	Excédant des recettes sur les dépenses.	883	75	»	»	
	Nota. — On n'a qu'à continuer ainsi tous les mois, ou toutes les semaines, si on le préfère.					

Année 1879.

GRAND LIVRE

DOIT le champ A, planté en pommes de terre :

DATES	NATURE DES DÉPENSES	SOMMES dépensées F.	SOMMES dépensées C.	OBSERVATIONS
1er avril	Un dernier labour.	2	50	
2 —	Achat de 6 voitures de fumier	18	»	
3 —	Conduite de ce fumier	12	»	
4 —	Labour de plantation.	5	»	
5 —	3 hectol. de pommes de terre pour planter	10	75	
6 —	5 journées d'hommes et leur nourriture.	12	»	
6 —	5 — de femmes —	10	»	
7 —	1 hersage.	2	»	
9 —	1 second hersage	2	»	
20 mai	1 binage.	8	50	
22 —	1 second binage.	5	75	
8 juin	1 buttage	6	»	
12 —	1 second buttage	6	»	
22 —	1 troisième buttage.	6	»	
12 octobre	L'arrachage des pommes de terre. . . .	8	»	
	TOTAL.	114	50	

AVOIR :

DATES	NATURE DES RECETTES	SOMMES reçues F.	SOMMES reçues C.	OBSERVATIONS
4 octobre	Récolté 80 hectolitres de pommes de terre, dont 30 vendus au ménage, à 3 fr. l'un, ci	90	»	
5 novemb.	Vendu 10 hectolitres de pommes de terre à Gourvat, Louis, à 3 fr. 50 l'un, ci. .	35	»	
»	Vendu 15 idem à Bernard, Pierre, à 4 fr. 50 l'un, ci.	67	50	
10 décemb.	Donné pour l'engraissement des cochons, 25 idem, à 4 fr. 50 l'un, ci.	112	50	
	TOTAL	305	»	

BALANCE :

Recettes . . . . 305 »

Dépenses. 114 50

Excédant des recettes sur les dépenses 190 50

Inventaire au 31 Décembre 1879.

	ACTIF (ce que l'on possède).	fr.	c.	fr.	c.
	Immeubles.				
1	1 maison d'habitation avec dépendances	1.800	»		
2	30 ares au Pré-Long, à 30 fr. l'un	900	»		
3	40 — à la Grand-Combe, à 20 fr. l'un.	800	»		
4	30 — pré au Grand-Val, à 50 fr. l'un. .	1.500	»		
5	20 — vigne au Vieux-Château, 40 fr. l'un	800	»	5.800	»
	Etc., etc.				
	Mobilier.				
6	Lits, tables, linge, ustensiles de ménage.	1.200	»		
7	Instruments aratoires	2.000	»		
8	2 voitures.	600	»	3.800	»
	Etc., etc.				
	Bestiaux.				
9	1 paire de bœufs	800	»		
10	1 vache.	350	»		
11	30 moutons.	800	»	1.950	»
	Etc., etc.				
	Grains, Légumes, Fourrages, etc.				
12	60 hectolitres de blé à 20 fr. l'un	1.200	»		
13	30 barriques de vin à 50 fr. l'une. . . .	1.500	»		
14	Paille, foin, trèfle, betteraves.	600	»	3.300	»
	Etc., etc.				
15	Argent en caisse.	»	»	400	50
	Débiteurs.				
16	Martin, Louis	500	»		
17	Aussudre, Michel	300	»	800	»
	Total de mon actif.	»	»	16.050	50
	PASSIF (ce que je dois).				
	Créanciers.				
18	Bernard, François.	600	»		
19	Siméon, Etienne.	450	»	1.050	»
	Montant de mon avoir. . .	»	»	15.000	50
	Etc., etc.				

SOIXANTE-QUATRIÈME LEÇON

Des Voies de communication.

Les voies de communication exercent-elles une grande influence sur l'agriculture?— Les voies de communication exercent incontestablement la plus grande influence sur l'agriculture ; tout en favorisant les transactions industrielles et commerciales, elles appellent toutes les contrées fertiles à fournir, avec une égale répartition, tous les aliments nécessaires à la consommation générale. Elles établissent, en même temps, le niveau dans les prix de toutes les productions diverses. Elles font donc la richesse de toutes les nations, et contribuent, pour une large part, au bien-être des citoyens. Cette vérité a été d'autant mieux comprise que, depuis des siècles, on a senti la nécessité de les étendre et de les perfectionner. C'est à Philippe-Auguste qu'est dû l'honneur d'avoir créé les grandes routes, car, avant lui, rien ou presque rien, n'avait été tenté. Au dix-septième siècle, la viabilité intérieure de notre pays reçut une vigoureuse impulsion, principalement sous les règnes de Henri IV et de Louis XIV. De cette époque jusqu'à Louis XVI, les progrès furent très lents à se faire ; mais, à présent, comprenant toute l'utilité des voies de communication, les gouvernements qui se succèdent en France cherchent a les améliorer et à les développer. C'est ainsi que la plupart de nos départements ont fondé une caisse, dite des chemins vicinaux. Alimentée par l'Etat, cette caisse a permis, dans ces dernières années surtout, d'accroître considérablement le réseau des chemins vicinaux.

Comment classe-t-on les voies de communi-

cation? — Les voies de communication sont classées de la manière suivante : 1° en *chemins de fer* ou *voies ferrees*; 2° en *routes nationales*; 3° en *routes départementales*; 4° en *routes stratégiques*; 5° enfin, en *chemins vicinaux*. Ces différentes sortes de chemins sont les seules qui soient reconnues par la loi.

Qui est-ce qui fait construire et entretenir les chemins de fer?— La construction et l'entretien des *chemins de fer* appartient à des associations autorisées par le gouvernement. Celui-ci en ordonne par un décret, les études et les tracés : il subventionne les compagnies qui, dans l'exécution des travaux comme dans l'exploitation des lignes, sont soumises à une règlementation de laquelle elles ne peuvent se départir. La ville de Paris est le centre de tous les chemins de fer français: huit lignes principales en partent, et toutes ont, dans leur parcours, de nombreuses ramifications. La première comprend le chemin de fer du Nord; la deuxième, celui de Rouen et du Hâvre; la troisième, de Versailles; la quatrième, d'Orsay et de Limours; la cinquieme, d'Orleans; la sixième, de Paris à Lyon et de Lyon à la Méditerranée; la septième, de Strasbourg ou de l'Est; la huitième, enfin, de Vincennes, de St-Maur, et de la Varenne.

Qui est-ce qui fait construire et entretenir les routes nationales? — « Les routes nationales sont construites et entretenues aux frais de l'Etat. On les subdivise en trois classes, savoir : 1° les routes qui conduisent de la capitale aux frontières et aux grandes villes maritimes; 2° celles qui, suivant la même direction, ont une importance secondaire et moindre que les précédentes; 3° celles aussi qui assurent des communications générales, sans partir de la capitale pour arriver aux frontieres. Elles ont toutes des dimensions déterminées : on donne ordinairement 14 mètres de largeur aux premières pour la chaussée ; 12, aux secondes et 10 à 11, aux troisièmes. »

Qui est-ce qui fait construire et entretenir les routes départementales? — « Les *routes departementales* sont à la charge exclusive des départements : cependant l'État peut leur venir en aide. L'ouverture de ces voies de communication n'est ordonnée que par un décret du gouvernement à la suite de l'enquête règlementaire dans laquelle le conseil général doit émettre son avis Si une route départementale intéresse plusieurs départements, chacun d'eux est obligé de concourir à sa construction et à son entretien. »

Qui est-ce qui fait construire et entretenir les routes stratégiques ? — « Destinées à faciliter les opérations militaires, les *routes stratégiques* sont construites et entretenues par l'Etat et par les départements; elles ont été instituées par la loi du 27 juin 1833. On ne les rencontre que dans les huit départements suivants : Charente Inférieure, Maine-et-Loire, Mayenne, Sarthe, Deux-Sèvres, Ile-et-Villaine et Vendée. »

Qui est-ce qui fait construire et entretenir les chemins vicinaux? — « Les chemins vicinaux comprennent les routes qui, suivant leur destination, sont construites et entretenues, soit par les communes seules, soit par les communes avec le concours du département Toutes ces voies de communication sont régies par la loi du 21 mai 1836, qui les divise en trois catégories, savoir : 1° les chemins de grande communication; 2° les chemins de moyenne communication; 3° les chemins de petite communication. La première catégorie est a la charge des communes ; mais celles-ci peuvent être assistées par le departement. Ces sortes de chemins sont d'une utilité presque aussi grande que celle des routes départementales au double point de vue des intérêts agricoles et commerciaux. La deuxième catégorie, qui comprend les chemins de moyenne communication ou d'intérêt commun, peut être mise à la charge de plusieurs communes. Sans avoir la même importance que les chemins précédents, ils intéressent néanmoins un plus ou moins grand nombre de communes. C'est pour cela qu'on peut faire contribuer ces dernières a leur dépense. Quant aux chemins de petite communication, ils sont entièrement aux frais des communes, qui les font faire au moyen des journées de prestation. Ils relient les villages et les petits centres de population des campagnes, et ne traversent, en général, qu'une seule commune ou bien un très petit nombre de communes. »

Existe-il encore d'autres voies de communication? — Indépendamment des chemins publics non compris dans la classification qui précède, il existe encore les *chemins ruraux* à la charge des riverains, qui les entretiennent exclusivement.

A qui appartient la surveillance des chemins reconnus par la loi? — La surveillance des voies de grande et de moyenne communication appartient aux ingénieurs et aux conducteurs des ponts et chaussées. Les chemins vicinaux sont dans les attributions du préfet, qui déclare un chemin public chemin vicinal, le classe et détermine sa largeur. Cette largeur doit être de six mètres pour la chaussée des chemins de petite communication, et de huit pour ceux de grande communication.

QUATRIÈME PARTIE

CHAPITRE SEIZIÈME

SOIXANTE-CINQUIÈME LEÇON

De l'Horticulture.

Du Jardin.

Qu'est-ce que l'horticulture? — *L'horticulture* est l'art de créer et de travailler les jardins.

Qu'est-ce qu'un jardin? — Un *jardin* est un petit espace de terrain, entouré de clôtures, où les travaux se font sans le secours des animaux domestiques ; il est spécialement destiné à fournir les produits qui entrent le plus directement dans la cuisine.

Quel est le terrain que l'on doit préférer pour établir un jardin? — Pour établir un jardin, on doit préférer le terrain qui, étant bien exposé, se trouve dans le voisinage immédiat des habitations. Cela est d'autant plus nécessaire que, devant fournir continuellement au ménage des objets de consommation, il est indispensable qu'on ait ceux-ci sous la main à chaque instant du jour; ainsi situé, les fruits et les légumes que contient le jardin sont moins exposés aux déprédations des maraudeurs et des animaux domestiques.

Combien distingue-t-on de sortes de jardins? — On distingue quatre sortes de jardins, savoir:

1° le *jardin potager*, ou *jardin légumınıer*; 2° le *verger*, ou *jardin fruitier*; 3° le *jardin fleuriste*, ou *parterre*; 4° enfin, le *jardin paysager*.

Qu'est-ce que le jardin potager? — Le *jardin potager*, ainsi que son nom l'indique, est le jardin dans lequel on cultive plus spécialement les légumes. Lorsque ces derniers sont destinés à la vente, on lui donne encore le nom de *jardin maraîcher*.

Qu'est-ce que le verger, ou jardin fruitier? — Le verger, ou jardin fruitier, est le lieu dans lequel on ne cultive guère que des arbres fruitiers. Il diffère du précédent en ce que ses produits consistent dans les fruits de certains arbres qui, pour obtenir les qualités dont ils sont susceptibles, doivent recevoir des soins tout particuliers.

Qu'est-ce que le parterre, ou jardin fleuriste ? — Cultivé pour avoir des fleurs et des plantes d'ornement, le jardin fleuriste flatte les yeux et récrée l'esprit. Son étendue est ordinairement très restreinte, et on le place à proximité des habitations.

Qu'est-ce que le jardin paysager ? — Le jardin paysager, créé aussi dans un but d'agrément, sert à représenter quelques scènes de la nature, telles que des bosquets, des collines, des pelouses, des cascades, etc. Les arbres, ou indigènes, ou exotiques, le composent presque exclusivement.

Dans ce qui précède y a-t-il quelque chose d'absolu? — Dans ce qui précède, il n'y a rien d'absolu, car un jardin peut être potager et fruitier tout à la fois. Le plus souvent même, il renferme des légumes, des fruits, des plantes d'agrément et des fleurs.

Quelle est la meilleure exposition à donner au jardin ? — L'exposition d'un jardin potager et surtout d'un potager fruitier, est de la plus grande importance : elle influe puissamment sur le succès ou l'insuccès des plantes qui lui sont confiées. Cependant, il est difficile d'établir une règle générale à cet égard : certaines plantes, comme la vigne, le pêcher, le figuier, le poirier, etc., exigent une exposition méridionale ; d'autres, redoutant les rayons solaires, préfèrent une exposition au nord. Dans le midi, l'est et l'ouest sont généralement adoptés. On le voit, toutes les expositions ont leurs avantages ; mais elles ont aussi leurs inconvénients : selon l'opinion la plus accréditée, l'exposition méridionale est la meilleure comme convenant le plus généralement à toutes les plantes, qui se trouvent dans le jardin.

Est-il nécessaire que le jardin soit en pente ? — La pente du terrain s'allie tout naturellement avec l'exposition d'un jardin : avec une terre meuble, profonde, se travaillant facilement en toute saison, riche en humus, ces deux conditions sont indispensables à la formation d'un bon jardin. La première facilite l'arrosement et l'évacuation des eaux, qui seraient nuisibles au développement des plantes ; mais il en serait autrement d'une pente trop prononcée : celle-ci, si elle était jointe a une exposition défavorable, présenterait les plus graves inconvénients.

Est-il nécessaire de clore le jardin? — Il est, en effet, indispensable de clore le jardin pour en défendre l'accès au bétail et à la volaille. Un mur de 3m à 3m50 d'élévation, solidement construit et bien crépi, est la clôture la plus convenable. Elle a l'avantage d'abriter les végétaux contre les grands vents du printemps et de l'automne, et de les préserver des atteintes d'une foule de petits animaux, qui leur font un mal considérable. Il est fâcheux que ce genre de clôture soit si dispendieux. A défaut de ce dernier, on a alors recours aux haies vives, qui durent longtemps, mais qui sont très lentes à se former.

SOIXANTE-SIXIÈME LEÇON

—

Des travaux du Jardin.

Quel est le premier travail à faire pour former un jardin ? — La terre, destinée a produire les plantes potagères, doit être avant tout parfaitement ameublie : on y procède par le defoncement, ou labour très profond. Tel est le premier travail que l'on fait pour la formation d'un jardin.

Comment doit-on faire le défoncement d'un jardin? — Le défoncement d un jardin se fait ordinairement à la bêche. Cette opération, qui n'a pas seulement pour but d'ameublir le sol et de le renouveler en ramenant à la surface la couche inférieure du sol arable et en la remplaçant par la couche superficielle, permet plus facilement l'introduction de l'air et des pluies ou des arrosements, de pénétrer dans les profondeurs du terrain et de se trouver plus directement en communication avec les racines des plantes. Divisé en deux ou trois parties selon sa grandeur, le jardin reçoit une allée principale dans le sens de la longueur; cette allée et celles qui lui sont adjacentes sont suffisamment larges pour qu'un homme puisse y passer en traînant une brouette. Chaque partie est partagée en carreaux séparés entre eux par des allées perpendiculaires à l'allée du milieu. Les unes et les autres doivent être légèrement bombées pour faciliter l'écoulement des eaux.

Que doit-on faire lorsque le jardin est formé? — Lorsque le jardin est formé, on doit bêcher les carreaux. La profondeur du bêchage doit toujours être subordonnée à la nature de la terre et à celle des plantes qu'on veut lui confier. Dans les sols peu profonds, un bêchage de 0m16 à 0m20 paraît être suffisant : mais dans ceux qui sont forts et compacts, on peut le porter à 0m30 ou 0m35. Celui-ci convient plus particulièrement aux arbrisseaux et aux racines pivotantes, et le premier aux racines courtes, fibreuses et traçantes. Quoiqu'il en soit, ce travail peut se faire pendant l'hiver si les fortes gelées ont délité le terrain, sinon, c'est au commencement du printemps qu'il doit avoir lieu.

Quels sont les autres travaux du jardinage ? — Indépendamment du bêchage qui précède les semis et les plantations, on donne à la terre d'autres travaux, superficiels, il est vrai, puisqu'ils ont pour but de briser la croûte qui se forme a la surface de la terre, travaux qui consistent dans des sarclages, des binages et des serfouissages répétés assez souvent pour détruire les mauvaises herbes, qui croissent naturellement dans les cultures.

Que fait-on des mauvaises herbes et de celles qui proviennent du râtissage des allées ? — Les feuilles, les mauvaises herbes et les débris des végétaux provenant des divers travaux qui se font dans le jardin sont jetés dans une fosse pratiquée dans un coin Lorsqu'elles y ont séjourné pendant quelque temps, ces matières fournissent un terreau qui a une certaine valeur dans le jardinage.

Quels sont les moyens à employer pour activer la végétation des plantes ? — Pour activer la végétation des plantes, on emploie des *couches*, ou amas de fumier, de feuilles, de substances fermentescibles, disposées en une sorte de planche qu'on recouvre de terreau et dont la longueur, la largeur et l'épaisseur varient selon les saisons et le genre de plantes que l'on veut cultiver. On emploie aussi les châssis vitrés et les cloches

Combien distingue-t-on de sortes de couches? — On distingue trois sortes de couches : 1° les *couches chaudes*; 2° les *couches tièdes*; 3° les *couches sourdes*. Les premières, les plus importantes de toutes, sont entièrement faites avec du fumier de cheval, pris au moment où on le retire de l'écurie. Si, en employant du fumier un peu vieilli, il était trop sec, il suffirait de le mouiller pour activer la fermentation. Les secondes ne diffèrent des précédentes que par le degré de chaleur qu'elles peuvent acquérir. Quant aux couches sourdes, elles sont toujours au-dessous du niveau du terrain dans lequel on les pratique. La durée des unes et des autres varie selon la nature des fumiers.

Quelle est la meilleure manière de faire une couche? — Creuser une fosse d'environ 0m50 à 0m60 centimètres de profondeur et d'une largeur proportionnelle aux besoins du jardin, déposer le fumier dans cette fosse par lits successifs, le tasser au fur et à mesure en le foulant sous les pieds et recouvrir le tout d'une couche de terreau de 0m,16 à 0m,20 centimètres d'épaisseur, disposé en talus sur les côtés et légèrement bombé vers le milieu, telle est la meilleure manière de faire une bonne couche.

Qu'appelle-t-on châssis? — On appelle *châssis* des panneaux vitrés reposant sur une espèce de caisse et emboîtant la partie supérieure de la couche. La caisse doit avoir de 0m,16 à 0m,30 centimètres de hauteur; mais il est nécessaire qu'un des côtés, celui du nord, soit plus élevé que le côté opposé. Cette pente légère facilite l'écoulement des eaux de pluie, qui ne séjournent point sur le verre.

Qu'appelle-t-on cloches? — On appelle *cloches* des vases en verre ayant à peu près la même forme qu'une cloche ordinaire. Elles sont de différentes grandeurs et se posent légèrement inclinées au-dessus des plantes que l'on veut préserver des atteintes atmosphériques. Tout en concentrant autour des végétaux la chaleur émise par la couche, elles laissent facilement passer les rayons solaires. Les cloches polyédriques ne sont autre chose que des cloches à charpente de fer-blanc ou de plomb dont les intervalles se trouvent fermées par de petits carreaux en vitre. Elles sont plus coûteuses, mais aussi elles durent plus longtemps.

SOIXANTE-SEPTIÈME LEÇON

Des outils de Jardinage et des Arrosements.

Quels sont les outils dont on se sert le plus dans le jardinage? — Les outils les plus usités dans le jardinage sont : la *bêche*, la *houe*, l'*arrosoir*, le *hoyau*, la *fourche*, le *sarcloir*, la *binette*, la *pelle*, la *ratissoire* et le *cordeau*; pour le transport des matières solides, la *brouette*, la *civière*, la *hotte*, les *paniers*, les *paillassons* et les *bourriches*.

Qu'est-ce que la bêche? — La bêche est le principal outil employé dans le jardinage : c'est une sorte de pelle munie d'un manche en bois d'une longueur déterminée. On fabrique des bêches de toutes les dimensions, suivant la nature des terrains et le genre de travail que l'on a à exécuter. Les plus grandes ont 0m,30 centimètres de longueur sur 0m,22 de largeur dans le haut et 0m,17 dans le bas. Le manche est toujours proportionné à la taille de l'homme qui se sert de l'instrument.

Qu'est-ce que la houe? — La *houe*, appelée aussi *pioche*, diffère de la bêche, en ce que, au lieu d'être plus ou moins parallèle à l'axe du fer, le manche décrit un angle aigu. Avec cet instrument, le travailleur est forcé de ramener la terre vers ses pieds au lieu de la pousser devant lui comme il pourrait le faire avec la bèche.

Qu'est-ce que l'arrosoir? — L'*arrosoir* fait, soit en fer-blanc, soit en zinc, soit en cuivre rouge, est une sorte de cruche de forme cylindrique, munie d'un goulot incliné, au bout duquel s'adapte a volonté une pomme percee de petits trous pour diviser l'eau en gerbe et la répandre en forme de pluie sur une large surface. Pour arrêter les corps étrangers qui, entraînés dans la pomme, pourraient obstruer les trous et nuire à la bonne dispersion de l'eau, on applique devant l'orifice inferieur du goulot une toile métallique qui, bien ajustée, dure aussi longtemps que l'instrument lui-même.

NOTA. Les autres outils de jardinage étant connus de tout le monde, il me paraît superflu d'en donner ici la description.

Les arrosements sont-ils bien nécessaires à un jardin? — L'eau est indispensable dans toute culture : si, dans une exploitation quelconque, l'eau du ciel est suffisante pour assurer le succès des plantes, il n'en est pas de même pour celles du jardin qui, pour croître dans de bonnes conditions, exigent des arrosements répétés plusieurs fois dans la journée.

A quels moments du jour convient-il d'arroser? — Tous les moments de la journée ne conviennent pas pour les arrosements : au printemps, alors que l'on a a craindre les gelées blanches, c'est dans la matinée qu'il convient d'arroser. De la sorte, on donne a la terre le temps de pouvoir se ressuyer. Le contraire se produit l'été. Le soir, en effet, l'eau s'évapore moins vite pendant la nuit. Les végétaux eux-mêmes profitent mieux de l'arrosement. Au mois de juillet, pour éviter un dépérissement dans les plantes, il est nécessaire d'arroser à toute heure de la journée.

Toutes les eaux sont-elles également bonnes pour les arrosements? — Toutes les eaux ne sont pas également bonnes pour les arrosements : les eaux de source sont trop froides, et de plus elles sont imprégnées des principes minéralogiques des terrains qu'elles ont traversés. Les eaux de puits présentent les mêmes inconvénients. Pour être bonnes, il est nécessaire de les exposer au soleil et de les rendre à une température à peu près égale a celle du terrain que l'on veut arroser. Les eaux du ciel sont, sans contredit, les meilleures, car elles contiennent des principes fertilisants dont elles se sont saturées dans l'atmosphère Elles sont tres légères et laissent cuire très bien les légumes. On doit donc les recueillir partout où cela est possible. Ménager dans un coin du jardin un réservoir cimenté et disposé de manière à bien les recevoir, est un excellent moyen pour la prospérité des plantes Les eaux courantes, provenant des ruisseaux, des rivières et des fleuves, exercent aussi une influence salutaire sur ces dernières. Celles des étangs et des mares ne sont pas non plus sans valeur : exposées toute la journée au soleil, peuplées d'animalcules et de végétaux décomposés, ces eaux présentent des qualités précieuses pour l'arrosage des plantes; mais elles sont insalubres placées près de l'habitation de l'homme et des animaux.

SOIXANTE-HUITIÈME LEÇON

—

Des Engrais.

Est-il nécessaire de fumer le jardin? — En agriculture, comme dans le jardinage, l'emploi des engrais est indispensable : la terre, épuisée par les plantes qui se succèdent continuellement dans le jardin, a besoin de réparer ses pertes et de fournir abondamment tous les sucs nutritifs aux végétaux.

Quels sont les fumiers dont on se sert le plus dans le jardinage? — Les fumiers dont on se sert le plus dans le jardinage sont : 1° le *fumier d'écurie*; 2° le *fumier d'étable*; 3° le *fumier de bergerie*; 4° la *colombine* et le *guano*; 5° les *issues des villes*; 6° les *engrais liquides*; 7° la *poudrette*, 8° le *noir animal* et le *terreau*.

Qu'appelle-t-on fumier d'écurie? — On appelle *fumier d'écurie* les excréments qui proviennent du cheval, de l'âne et du mulet : éminemment propre à la confection des couches de chaque espèce et à la culture des plantes, ce fumier présente l'avantage de pouvoir arrêter et rétablir sa fermentation en le tenant sec ou humide. Pour le faire entrer en fermentation, on le tasse et on l'arrose en même temps Le contraire se produit en démolissant le tas et en laissant le fumier se ressuyer à l'air. La fermentation ne tarde pas à cesser complètement.

Qu'appelle-t-on fumier d'étable? — Le fumier d'étable est celui qui provient des bêtes bovines. Il est loin de valoir le précédent pour le jardinage. Trop froid pour certains végétaux qui demandent de la chaleur, il convient seulement aux légumes communs.

Cependant, dans les terrains très calcaires et sablonneux, manquant de consistance et s'échauffant rapidement au soleil, le fumier d'étable a presque autant de valeur que le fumier d'écurie.

Qu'appelle-t-on fumier de bergerie ? — Les moutons, les brebis, les agneaux et les chèvres produisent le fumier de bergerie. Ce fumier a des propriétés analogues à celles du fumier d'écurie. Mêlé au fumier d'étable, il donne d'excellents résultats.

Qu'appelle-t-on colombine et guano ? — On désigne sous le non de *colombine* les excréments des oiseaux de basse-cour et du pigeonnier : dans la grande comme dans la petite culture, cet engrais est des plus actifs. Il ne doit être employé qu'à petites doses et mélangé avec les autres fumiers. Bien qu'elle soit sèche, la colombine conserve toujours tous ses principes fertilisants. On nomme *guano* un engrais exotique, ayant beaucoup d'analogie avec le précédent. Il est d'une puissance extrême, mais peu usité en France à cause de son prix très élevé. Nous en avons parlé dans un des chapitres précédents.

Qu'appelle-t-on issues des villes ? — Les issues des villes ne sont autre chose que toutes les matières que l'on ramasse dans les rues et que l'on nomme vulgairement *boues*. Ce genre d'engrais n'a pas une grande valeur dans le jardinage. Il n'est guère utilisé que dans la grande culture.

NOTA. — Nous ne parlerons ni des autres engrais, ni des amendements utiles dans le jardinage ; nous les avons décrits dans les chapitres qui leur sont relatifs.

SOIXANTE-NEUVIÈME LEÇON

—

De la Reproduction naturelle des graines.

Des Semis.

Qu'entend-on par la reproduction naturelle des graines? — Par la reproduction naturelle des graines, on entend l'action par laquelle les plantes se multiplient d'elles-mêmes au moyen des graines qu'elles produisent. Le choix des graines est de la plus grande importance dans le jardinage. Pour avoir de beaux produits, il est donc nécessaire de n'employer dans les semis que des graines réunissant toutes les qualités qu'il importe de propager et de conserver.

Comment doit-on conserver les graines? — Pour conserver les graines, il faut d'abord ne les récolter que lorsqu'elles sont parfaitement mûres, et ensuite les tenir dans un endroit sec, si l'on veut surtout les garder quelques mois avant de les confier à la terre. Exposées à l'humidité, elles pourraient se détériorer et se pourrir.

Toutes les graines conservent-elles leurs propriétés germinatives? — Toutes les graines ne conservent pas leurs propriétés germinatives : les unes, comme les haricots, peuvent germer longtemps après les avoir récoltées ; les autres perdent cette faculté au bout de deux ou trois années et souvent même dans moins de temps.

Quel moyen emploie-t-on pour distinguer les bonnes graines des mauvaises? — Le moyen de reconnaître les bonnes graines des mauvaises consiste à les mettre dans l'eau. Les bonnes tombent au fond, tandis que les mauvaises surnagent. On n'a pas toujours, dans le jardin potager, des porte-graines capables de donner des grains présentant toutes les qualités nécessaires à la germination. Dans ce cas, on a naturellement recours a celles qui se vendent dans le commerce et qui, lorsqu'elles sont bonnes, réussissent généralement mieux que dans les pays où elles ont été récoltées.

Des Semis.

Qu'est-ce que semer une graine? — Semer une graine, c'est repandre cette graine sur la terre, préparée pour la recevoir, d'après les moyens que la science indique.

Quels sont les moyens indiqués pour semer les graines? — Les principaux moyens indiqués par la science horticole pour les semis des graines sont : 1° les *semis à la volée*; 2° les *semis en rayons*; 3° les *semis en pépinière*; 4° les *semis en terrines*; 5° les *semis par couches*.

De quelle manière sème-t-on à la volée? — On sème *à la volée* en répandant les graines à la main et en les jetant devant soi le plus également possible. Pour les recouvrir, on se sert ordinairement d'un râteau et d'une herse lorsque le semis a une certaine étendue.

De quelle manière sème-t-on en rayons? — Semer *en rayons*, c'est ouvrir, au cordeau, des rayons de 0m,03 à 0m,06 centimètres de profondeur et d'y répandre la graine que l'on recouvre en rabattant la terre par-dessus.

Comment sème-t-on en pépinière? — Semer *en pépinière*, c'est semer la graine sur un petit espace de terrain et transporter la plante qu'elle a produite à l'endroit qu'elle doit occuper jusqu'à sa complète maturité. Les semis en pépinière se font ordinairement en automne. On les couvre soigneusement pendant l'hiver et on les découvre aux premiers beaux jours du printemps.

Comment sème-t-on en terrines ou en pots? — Les semis *en terrines* se pratiquent seulement dans des terrines pour les plantes délicates ayant besoin d'être changées souvent d'exposition et rentrées pendant l'hiver.

Comment sème-t-on par couches? — Semer *par couches*, c'est semer également à la volée. Ce genre de semis convient particulièrement aux plantes dont on veut activer la végétation. Par rapport a leur nature frêle et délicate, elles ne pourraient d'ailleurs être abandonnées a la pleine terre. On emploie aussi les cloches et les châssis qui aident puissamment à la germination.

De quelle manière doit-on semer les graines? — La manière de semer les graines varie selon leur espece, leur conformation et leur grosseur : les unes ne veulent aucune préparation et peuvent être mises en terre a l'état naturel ; les autres, celles qui sont fines, velues ou aigrettées doivent être semees a la volée ou en rayons : pour éviter les inégalités qui se produiraient dans les semis, on doit les presser fortement, soit avec les mains, soit avec du sable, soit avec de la cendre ou de la terre. On enlève ainsi les aigrettes et les poils. Après çela, on peut semer ces graines en les mêlant avec de la terre pour les répandre partout également. On les recouvre d'autant plus légèrement qu'elles sont plus fines. On peut, sans aucun inconvenient, les arroser ensuite.

CHAPITRE DIX-SEPTIEME

SOIXANTE-DIXIÈME LEÇON

Des Plantes potagères.

Qu'appelle-t-on plantes potagères ? — On désigne sous le nom de plantes potagères, toutes les plantes qui sont cultivées dans le jardin potager.

Quelles sont les classifications qu'on donne aux plantes potagères ? — Selon leur nature et le genre de culture qu'elles reçoivent, on donne aux plantes potagères six grandes classifications, savoir : 1° les *légumes herbacés*, comprenant les choux, les artichauts, le céleri, les laitues, les chicorées, la mâche, les asperges, le pourpier, les capucines, etc. ; 2° les *plantes bulbeuses*, comme l'oignon, le porreau, l'ail, l'échalotte, la ciboule, la ciboulette, etc. ; 3° les *herbages potagers*, tels que le persil, le cerfeuil, l'oseille, les épinards, la bette ou poirée, l'estragon, etc. ; 4° les *légumes racines*, comme les carottes, les navets, le salsifis, la scorsonère, les radis, le panais, la pomme de terre, la betterave, le topinambour, la rave, etc.; 5° les *plantes à fruits et à graines*, comme les pois, les haricots, les fèves, les lentilles, les tomates, etc. ; 6° enfin, les *cucurbitacées* auxquelles se rattachent la citrouille, le melon, le concombre, etc.

Des Légumes herbacés. — Du Chou.

Qu'appelle-t-on légumes ? — On appelle légumes toutes les plantes herbacées, cultivées pour servir à la nourriture de l'homme.

Qu'est-ce que le chou ? — Le chou est un des meilleurs légumes que l'on puisse cultiver : au point de vue économique et salubre, ses produits abondants et leur supériorité sur les autres légumes, lui mériteront toujours le premier rang dans le jardin potager.

Combien y a-t-il d'espèces de choux ? — D'après la classification de M. Vilmorin, on divise les choux en cinq espèces, savoir : 1° les *choux cabus* ou *pommés*, à feuilles lisses ; 2° les *choux de Milan*, d'un vert foncé ; 3° les *choux verts* ou *sans tête*, qui durent près de trois ans ; 4° les *choux à racine* ou *tige charnue*, constituant les diverses variétés de *choux navets* et de *choux-raves* ; 5° enfin, les *choux-fleurs* et les *brocolis*. Ils sont tous de la famille des *crucifères*.

La première espèce se subdivise-t-elle ? — Cultivée dans presque tous les jardins, la première espèce se subdivise elle-même en un grand nombre de variétés, dont la plus importante est le *chou d'York*, très précoce et très estimé, à pomme petite et allongée. Il existe encore d'autres variétés dont les plus importantes sont : 1° le *chou cœur-de-bœuf* ; 2° le *pain de sucre* ; 3° le *chou à jets* ; 4° le *chou cavalier*, etc.

Comment sème-t-on les choux ? — Tous les choux se sèment en pépinière. Le choix de la graine est très important : elle doit être bien lisse, presque noire et de teinte uniforme. Pour la préserver des ravages de l'*altise*, on recommande de la faire tremper pendant 24 heures dans une forte saumure.

Le terrain où se fait le semis doit-il être bien préparé ? — Le terrain où se fait le semis doit être très meuble, frais et fortement engraissé. Ordinairement, on enterre le fumier à la houe ou à la bêche, et ce n'est qu'après cette opération que l'on sème à la volée et que l'on recouvre en égalisant bien la terre avec le râteau

A quelle époque doit-on semer et transplanter les choux? — Les choux se sèment, soit au printemps, soit en automne, et en vieille lune. Dès qu'ils ont acquis une grosseur convenable, on les transplante en mai ou en juin. L'usage ordinaire est de semer les choux de Milan au printemps, depuis la fin de février jusqu'en mai; ceux qui sont hâtifs donnent des pommes dans le courant du mois de juin; les derniers se sèment au commencement de l'hiver et se conservent jusqu'au mois de mars. Les choux cabus et presque toutes les autres variétés se sèment en automne; ils se plantent dès que le plant a atteint une certaine grosseur. Le terrain doit être bien fumé. Le fumier d'étable est le meilleur. Les choux doivent être espacés de 0^{m}50 centimètres environ. Après les avoir plantés, on doit les sarcler, les biner et les arroser souvent.

Comment cultive-t-on le chou-fleur et le brocoli? — La culture des choux-fleurs, plus difficile que celle des autres en raison de leur tempérament plus délicat, demande une terre douce, bien fumée, des arrosements nombreux et une température humide plutôt qu'un air sec et chaud. L'été leur est généralement nuisible, tandis qu'ils paraissent mieux s'accommoder du printemps et de l'automne. Avec des engrais et une grande abondance d'eau, on peut se procurer des choux-fleurs à peu près toute l'année. La culture des brocolis est absolument la même que celles de ces derniers.

Combien y a t-il de variétés de choux-fleurs? — On distingue trois principales variétés de choux-fleurs, savoir : 1° *chou-fleur tendre* ou *Salomon*; 2° le *chou-fleur dur* et *demi-dur*; 3° le *chou-fleur de Malte*, etc.

Combien distingue-t-on de variétés de bro-

colis ? — On ne connaît guère que deux variétés de brocolis, savoir : 1° le *brocoli blanc* ; 2° le *brocoli violet* et 3° le *violet nain hâtif* ; mais cette espèce est moins appréciée que les autres.

A quelles époques doit-on semer les choux-fleurs ? — Les choux-fleurs se sèment à trois époques différentes : 1° en automne pour être récoltés au printemps. C'est ordinairement en septembre ou dans la première quinzaine d'octobre que l'on fait les semis : 20 ou 25 jours après, on repique le plant que l'on recouvre de cloches et de paillassons pour le préserver des grands froids de l'hiver ; 2° en hiver ou au printemps pour être récoltés en été. On sème dans le courant de février sur couches chaudes en se servant, soit des cloches, soit des châssis. Le plant, 20 jours après, est repiqué sur une autre couche chaude et mis en place en mars ou en avril ; il pomme en juin et en juillet. Ainsi traités, les choux-fleurs comme les brocolis, produisent depuis la fin d'août jusqu'à la fin de septembre.

SOIXANTE-ONZIÈME LEÇON

—

Des Légumes herbacés (SUITE).

Des Artichauts, du Céleri et des Laitues.

Qu'est-ce que l'artichaut ? — L'artichaut de la famille des *composées* est un légume très apprécié pour la nourriture de l'homme. Cultivé depuis longtemps dans les jardins potagers, l'artichaut vient bien dans tous les pays du midi, mais, dans le nord et sous le climat de la moitié septentrionale de la France, il demande des soins tout particuliers.

Combien distingue-t-on de variétés d'artichauts? — On distingue un grand nombre de variétés d'artichauts, dont les plus remarquables sont : 1° le *gros vert*, le plus cultivé, 2° le *gros camus de Bretagne*, si connu dans l'ouest; sa tête est plus large et d'un vert plus pâle que le précédent; il est plus précoce mais moins charnu; 3° l'*artichaut violet*, petit, mais très hâtif; 4° l'*artichaut rouge*, cultivé principalement dans le midi. Cette variété tend a disparaître.

Comment multiplie-t-on l'artichaut? — On peut multiplier l'artichaut de deux manières : par le moyen des graines et par celui des marcottes poussant naturellement au pied de la plante. C'est ordinairement en avril qu'on œilletonne les artichauts pour les propager et former de nouvelles plantations. Ce dernier moyen est le plus généralement adopté, le premier étant beaucoup plus long et plus difficile.

Comment prépare-t-on le terrain destiné aux artichauts? — Le terrain destiné aux artichauts doit être bêché ou labouré profondément. Il est nécessaire qu'il soit bien meuble pour que les racines de la plante, grosses et pivotantes, puissent s'y mouvoir tout à leur aise. La terre doit être fortement fumée. Dans le midi, à cause de la sécheresse, on est obligé d'arroser les artichauts fréquemment et abondamment.

Comment doit-t-on préserver les artichauts des hivers trop rigoureux? — Pour préserver les artichauts des hivers trop rigoureux, il faut les arracher et les placer dans une serre à légumes, où ils sont plantés dans la terre ou dans du sable humide. Lorsque les grands froids sont passés, on les remet ensuite en place

Qu'est-ce que le céleri? — Le céleri est une plante indigène, passée depuis longtemps dans la culture économique, où elle est devenue un de nos meilleurs légumes.

Combien distingue-t-on de sortes de céleris? — On ne connaît guère que deux sortes de céleris, savoir : 1° le *céleri ordinaire*; 2° le céleri-rave; ils appartiennent à la famille des *ombellifères*.

A quelle époque sème-t-on le céleri? — Il n'y a guère d'époque fixe pour semer le céleri : cependant celle qui paraît être la plus convenable, par rapport aux grands froids de l'hiver, est du mois de mars au mois de juin. Les semis se font toujours en pleine terre. Lorsque le plant a deux ou trois feuilles, on l'éclaircit, afin de lui donner plus de force pour le repiquage. Le terrain dans lequel on veut le repiquer doit être profond, fertile, plutôt humide que sec, mais surtout parfaitement ameubli.

Comment doit-on repiquer le céleri? — Pour repiquer le céleri, on trace des couches profondes, soit à la bêche, soit à la houe, et dans toute la longueur du terrain. La terre qui sort des tranchées, est rejetée sur l'un des côtés. On met au fond de ces tranchées une petite quantité de fumier qu'on recouvre d'une petite couche de terre. Après avoir laissé le tout se tasser pendant quelques jours, on repique alors le plant en laissant un intervalle d'environ $0^m,20$ centimètres entre chaque pied. On attache les feuilles, lorsque celui-ci a une longueur de $0^m,3$ à $0^m,5$ décimètres, avec un lien de paille ou de jonc. On butte les pieds et on leur rend toute la terre qui avait été extraite de la couche. Trois ou quatre buttages successifs, à huit jours de distance les uns des autres sont suffisants pour rendre le céleri propre à être mangé.

Qu'est-ce que le céleri-rave? — Le céleri-rave

est un légume excellent : il est peu cultivé en France, mais en Allemagne, il l'est sur une vaste échelle. Sa racine tendre, moelleuse, douce et d'un goût exquis, est préferable a celle du céleri ordinaire. Pour réussir, cette variété de celeri exige une terre profonde, riche, fraîche, meuble et abondamment arrosée. On recommande l'irrigation comme étant le meilleur mode d'arrosement.

Comment cultive-t-on le céleri-rave? — Le céleri-rave se cultive à peu près de la même manière que le précédent. Il n'y a guère de différence que dans le mode de plantation et dans les soins donnés a la terre : au lieu de 0m20 centimètres de distance, les pieds en reçoivent de 0m48 a 0m50 et les buttages sont remplacés par les binages parce que c'est une racine et non des feuilles que l'on veut obtenir.

Qu'est-ce que la laitue? — La laitue est un légume qui se mange cru, en salade, et qui contribue pour une large part à l'alimentation de l'homme. On distingue un grand nombre de varietés de laitues se rapportant a deux types : 1° les *laitues pommées*; 2° les *laitues romaines* ou *chicons*. Elles appartiennent a la famille des *composées*.

Comment divise-t-on les laitues? — On divise les laitues en trois classes principales, savoir : 1° les *laitues de printemps*, 2 les *laitues d'été*, 3° enfin les *laitues d'hiver*.

Quelles sont les principales laitues pommées? — Parmi les laitues pommées, on distingue : 1° la *petite crêpe* ou *petite noire*, frisée et dentelée; 2° la *batavia*, dont les feuilles frisées forment une pomme de la grosseur d'un petit chou; 3° la *passion*; 4° la *gotte*; 5° la *royale*; 6° la *lente à monter*.

Quelles sont les variétés que l'on sème

avant l'hiver? — On ne sème guère avant l'hiver que la petite crêpe et la gotte.

Quelles sont les principales variétés de laitues romaines? — Parmi les principales variétés de laitues romaines ou chicons, on distingue : 1° le *chicon commun*; 2° le *chicon vert*.

De quelle manière sème-t-on les laitues? — Toutes les laitues, quelle que soit l'espèce à laquelle elles appartiennent, se sèment à la volée et très clair, savoir : 1° celles de printemps en mars pour être repiquées en avril; 2° celles d'été, d'avril en juillet, pour être repiquées au fur et à mesure que le plant est assez fort; 3° celles d'hiver, entre le 15 août et le 15 septembre, pour passer l'hiver couvertes de litière. Elles exigent toutes un terrain bien préparé, très meuble et fortement fumé.

SOIXANTE-DOUZIÈME LEÇON

Des Légumes herbacés. (SUITE ET FIN).

De la Chicorée, de la Mâche, des Asperges, du Pourpier et des Capucines.

Qu'appelle-t-on chicorée? — On appelle *chicorée*, de la famille des *composées*, une sorte de légume mangé en salade. On distingue trois espèces de chicorées, savoir : 1° la *chicorée sauvage*; 2° la *chicorée cultivée*; 3° la *chicorée scarole*. La première, très amère, est consommée verte ou blanchie. Pour être mangée verte, on doit la semer très drue, et la couper comme la petite laitue lorsque les feuilles ont atteint la longueur de 0m05 à 0m10 centimètres.

Comment fait-on blanchir la chicorée? — Pour faire blanchir la chicorée, on la met dans la cave en la plantant très serrée dans du sable humide; là, elle s'étiole, s'allonge et perd rapidement son amertume; livrée à la consommation, on l'appelle *barbe de capucin*. En hiver, alors surtout que les laitues manquent, elle est très précieuse dans les repas. On emploie ses racines dans le *café-chicorée*.

La chicorée cultivée est-elle préférable à la précédente? — La chicorée cultivée est préférée à la précédente; elle est même supérieure aux meilleures laitues cultivées; ses feuilles sont luisantes, découpées et frisées.

Qu'est-ce que la scarole? — La *scarole* est une variété de chicorée ayant beaucoup d'analogie avec la précédente : elle ne s'en distingue que par ses feuilles qui sont droites, entières et peu découpées. Elle en a le goût et les propriétés.

Combien distingue-t-on de variétés de scaroles? — On cultive deux variétés principales de scaroles : 1° la *grande scarole*, donnant des pommes très volumineuses; 2° la *scarole ronde*, plus petite, mais profitant rapidement si le terrain est bien préparé pour la recevoir.

La chicorée exige-t-elle beaucoup de soins? — Quelle qu'elle soit, la chicorée exige toujours beaucoup de soins; il lui faut un terrain bien préparé, fortement engraissé et des arrosages assez fréquents.

A quelle époque sème-t-on la chicorée ? — — Les semis de chicorée se font en pleine terre dans le courant d'avril ou au commencement du mois de mai. La graine vient sous cloche. Le repiquage a lieu en juillet et août. Lorsque le plant est garni de longues feuilles, on lie ces dernières, soit avec de la paille, soit avec des joncs pour les faire blanchir et les livrer ensuite à la consommation.

Qu'est-ce que la mâche ou doucette? — La mâche ou doucette est une petite plante annuelle des *valérianées*, très employée comme salade, dans le commencement de mars, en attendant que la laitue d'hiver soit assez forte pour être mangée.

Combien y a-t-il de variétés principales de mâches? — On ne connaît guère que deux grandes variétés de mâches : 1° la *mâche commune* ; 2° la *mâche d'Italie.*

A quelle époque sème-t-on la mâche? — On peut semer la mâche tous les quinze jours du printemps à l'automne et à la volée, parmi d'autres cultures. Elle résiste aux plus fortes gelées de l'hiver, et ne demande, pour ainsi dire, aucun soin.

Comment récolte-t-on la graine de mâche?— Pour récolter la graine de mâche, on doit conserver les plus gros pieds comme porte-graines, et, dès qu'ils commencent à jaunir, les mettre en tas dans un lieu frais, afin d'en laisser pourrir les gousses. En secouant ces dernières sur un linge avec une baguette, on en détache facilement la graine.

Qu'est-ce que l'asperge? — L'asperge de la famille des *liliacées*, est, sans contredit, un de nos meilleurs légumes : si le jardin potager se trouve à proximité d'une ville, elle devient très productive en ce sens qu'elle se vend à des prix souvent très élevés. Il est seulement fâcheux que la culture de ce légume soit si longtemps à produire et en même temps si coûteuse, car on n'est guère payé de son travail qu'au bout de quatre à cinq années.

Combien existe-t-il de méthodes pour la formation des planches d'asperges?—On forme les planches d'asperges par les deux moyens suivants : 1° *les semis* ; 2° *les griffes* ou *pattes*.

Comment doit-on faire les semis d'asperges ? — Les semis d'asperges peuvent se faire de deux manières : 1° sur place ; si le terrain produisait de suite, ces semis seraient très avantageux ; 2° en pépinière Les semis en pépinière sont généralement plus en usage que les premiers. Ordinairement ils se font, soit en octobre, soit de la dernière quinzaine de février a la fin de mars. La terre destinée à les recevoir doit être légère, sablonneuse, s'il est possible, mais toujours soigneusement préparée et parfaitement fumée La graine est semée ou à la volée ou mieux encore, en rayons espacés de 0m,20 à 0m,25 centimètres de distance.

Comment multiplie-t-on encore les asperges ? — La graine, qu'on avait semée deux ans auparavant, a produit un plant nommé, avons-nous dit, *griffes* ou *pattes* : celles-ci sont repiquées sur une terre défoncée à environ 0m,60 a 0m,70 de profondeur ; la terre qui sort des fosses est rejetée sur un des côtés ; au fond de chacune d'elles, on met un lit de fumier de 0m,07 a 0m,08 d'épaisseur que l'on mélange a la terre, soit par un second défoncement, soit en y remettant celle qu'on avait déjà extraite des couches. Après cela, on recouvre le tout avec d'autre bonne terre ou de bon terreau ; on passe le râteau par-dessus. Si la préparation du terrain a ete faite en automne, on y plante, en mars, les griffes ou pattes, a la distance de 0m,30 à 0m,40 centimètres les unes des autres ; si, au contraire elle a été faite au printemps, cette plantation ne doit avoir lieu qu'en avril.

Combien distingue-t-on d'espèces principales d'asperges ? — On ne connaît guère que deux principales variétés d'asperges, savoir 1° l'*asperge verte* ou *commune;* 2° l'*asperge violette* ou *de Hollande*. La première exigeant moins de soins que la seconde est celle qui est la plus répandue en France.

Quels sont les soins à donner aux asperges? — Biner la terre de temps en temps pour la débarrasser des mauvaises herbes, l'arroser souvent pour l'empêcher de se durcir et retarder ainsi la végétation, tels sont les soins à donner aux asperges.

Qu'est-ce que le pourpier? — Le *pourpier*, de la famille des *portulacées*, est une plante potagère peu cultivée : on le mange, soit cru, soit en salade, soit confit au vinaigre, soit cuit et assaisonné. On ne connaît guère que le *pourpier doré*, à cause de sa couleur jaune doré. En médecine, il a quelques propriétés fort appréciées. La graine, très petite, est semée dans un coin du jardin potager.

Qu'appelle-t-on capucines? — On appelle *capucines*, de la famille des *géraniées*, une sorte de plante aromatique, dont les fleurs, d'une saveur âcre, sont employées comme condiments dans la salade. Cette plante se sème ordinairement dans une bonne terre, exposée au midi, en avril ou en mai, alors surtout que les gelées de printemps ne sont plus à craindre. Comme les capucines sont des plantes grimpantes, on leur donne un tuteur autour duquel elles puissent s'enrouler et se soutenir.

CHAPITRE DIX-HUITIÈME

—

SOIXANTE-TREIZIÈME LEÇON

—

Des plantes bulbeuses.

De l'Oignon, du Porreau, de l'Ail, de l'Échalotte, de la Ciboule et de la Ciboulette.

Qu'est-ce que l'oignon? — L'*oignon*, un des produits les plus abondants du jardin potager, appartient à la famille des *liliacées*. Cette espèce se caractérise par sa hampe cylindrique et fistuleuse s'élevant quelquefois à plus d'un mètre de hauteur.

Quelles sont les variétés d'oignons les plus cultivées? — Les variétés d'oignons les plus cultivées, sont : 1° le *rouge foncé* ; 2° le *rouge pâle* ; 3le *blond* ; 4° le *blanc gros* ; 5° le *blanc hâtif* ; 6° le *jaune*. Ce dernier, plus facile à conserver que les autres, est préferé par la plupart des horticulteurs. Mais, de quelque nature qu'ils soient, les oignons se consomment, soit en hiver, soit au printemps, soit pendant l'été.

A quelle époque sème-t-on les oignons ? — Les oignons se sèment en pépinière du mois d'août à la fin de septembre sur une bonne terre substantielle, légère, sablonneuse et débarrassée des pierres et des racines qui peuvent s'y rencontrer.

Comment multiplie-t-on l'oignon ? — Quelques espèces, telles que l'*oignon bulbifère* et l'*oignon patate*, se multiplient par leurs caïeux, ou petites bulbes qu'ils produisent; les autres races, par les semis et pour la transplantation. Lorsque le plant a atteint une grosseur convenable, on l'arrache avec précaution, et, après avoir écourté ses racines, on le repique en lignes, à 0m,20 centimètres de distance dans le sens de la longueur comme dans celui de la largeur.

Quels sont les soins à donner aux oignons ? — Une fois plantés, les oignons demandent peu de soins : cependant, dans le courant de l'été, il est bon de tenir le terrain dans un état constant de propreté, ce qu'on fait en lui donnant de nombreux sarclages et en évitant surtout, pendant ce travail, de couper les bulbes des oignons. En juillet ou en août, si l'on désire activer artificiellement la maturité de ces derniers, on tord leurs feuilles, soit à la main, soit en les couchant au moyen d'un rouleau léger ou d'une barrique vide.

Comment conserve-t-on les oignons ? — Les oignons qu'on désire conserver longtemps, sont suspendus par leurs *fanes* tressées, dans un endroit sec et bien aéré. Quelques espèces, comme par exemple, le blanc et le jaune, se conservent mieux que les autres.

Comment doit-on traiter les porte-graines ? — Les porte-graines d'oignon sont choisis parmi les plus beaux qu'on a plantés. En septembre ou en octobre, on les transplante dans un lieu bien abrité en espaçant les pieds de 0m,30 à 0m,40 centimètres les uns des autres. Lorsque les graines sont sur le point de mûrir, on donne un tuteur à la tige pour la préserver du vent. Un peu avant leur complète maturité, on peut couper les têtes et les placer dans un endroit sec à l'abri de l'humidité Ordinairement, on ne les égrène qu'à l'époque à laquelle on veut semer la graine.

Qu'est-ce que le porreau ou poireau ? — Comme l'oignon, le *porreau* ou *poireau*, est de la famille des *liliacées* ; sans avoir son importance, il n'en est pas moins très recherché pour la consommation. Ce légume, qui a la propriété de donner du goût au bouillon, est une plante bisannuelle, c'est-à-dire que ses graines ne sont récoltées que la seconde année du semis.

Quels sont les soins à donner au porreau ? — Les soins à donner au porreau ne sont ni difficiles, ni coûteux. Il craint peu les gelées, qui ne l'endommagent que bien rarement. Pour réussir, il exige une terre fraîche et substantielle, fumée dès l'automne, qui précède le semis ; il s'accommode de tous les fumiers : cependant, il préfère ceux d'écurie et des détritus de végétaux. Les cendres lessivées ne lui sont pas non plus indifférentes. Quelques sarclages et quelques binages suffisent dans le cours de sa végétation.

A quelle époque sème-t-on et repique-t-on le porreau ? — Lorsque la terre a été bien ameublie, bien préparée pour le recevoir, le porreau y est semé en février, mars et juillet, soit en ligne, soit en pépinière. Lorsque le plant a atteint la grosseur d'une plume d'oie, on le repique, par un temps pluvieux ou couvert pour que les rayons du soleil ne lui soient point nuisibles. Ce travail se fait en lignes, à $0^{m}16$ décimètres dans tous les sens et à une profondeur d'un centimètre. Avant de faire cette opération, on coupe l'extrémité de ses feuilles et de ses racines.

Qu'est-ce que l'ail ? — L'*ail* est un légume qui appartient à la même famille que les deux précédents : tout le monde connaît ses usages culinaires et la consommation qu'il s'en fait. Dans le midi de la France, l'ail ordinaire exhale une odeur bien moins pénétrante que dans le nord; il a des propriétés digestives très connues et est regardé comme un vermifuge des plus puissants.

Comment multiplie-t-on l'ail ? — L'ail se multiplie par les caïeux de sa bulbe : on le transplante, soit en septembre, soit en octobre dans un terrain soigneusement préparé ; il craint facilement l'humidité ; et, pour réussir convenablement, il exige une terre fraîche et sablonneuse. La *rocambole* ou *ail d'Espagne* produit des bulbes beaucoup plus petites que l'ail ordinaire.

A quelle époque récolte-t-on l'ail ? — L'ail se récolte ordinairement en juillet ou en août. Lorsque les tiges sont bien sèches, on les met en paquets qu'on suspend pour empêcher les bulbes de se pourrir ou de se détériorer.

Comment multiplie-t-on l'échalotte ? — L'*échalotte* se multiplie également par ses bulbes qu'on plante en bordure peu profondément. L'époque à laquelle doit avoir lieu cette plantation n'est guère déterminée: cependant, il convient de la faire ou en février ou en mars. La récolte se fait dans le courant de juin ou de juillet.

Qu'est-ce que la ciboule ? — La *ciboule* est une petite plante qui a le même goût et les mêmes propriétés que l'oignon. On la sème ordinairement en février ou en mars. Le plant, dès qu'il a atteint toute la grosseur nécessaire, est planté à la distance de dix ou quinze centimètres en tous sens.

Qu'est-ce que la ciboulette ou civette ? — La *ciboulette* ou *civette* n'est qu'une variété de la ciboule. Elle n'est employée que pour servir d'assaisonnement. On la multiplie en séparant les pieds qu'on plante en bordure.

CHAPITRE DIX-NEUVIÈME

—

SOIXANTE-QUATORZIÈME LEÇON

—

Des Herbages potagers.

Du Persil, du Cerfeuil, de l'Oseille, des Epinards, de la Bette ou Poirée et de l'Estragon.

Qu'est-ce que le persil ? De toutes les plantes potagères, le *persil*, de la famille des *ombellifères*, est une de celles qui sont le plus cultivées pour l'assaisonnement des mets que nous mangeons ; aussi lui réserve-t-on, dans le jardin, une place plus considérable qu'aux autres légumes de cette catégorie.

Quelles sont les principales variétés du persil ? — Les principales variétés du persil sont : 1° le *persil frisé ;* 2° le *nain très frisé,* variété remarquable par la beauté de ses feuilles ; il monte difficilement ; 3° le *persil commun,* très rustique ; 4° le *persil à grosses racines* ; 5° enfin, le *persil anglais* à grandes feuilles.

A quelle époque sème-t-on le persil ? — Le persil se sème depuis le mois de février jusqu'au mois d'août, dans une terre très meuble et bien fumée. Les graines mettent ordinairement un mois pour sortir de terre. Et, pour empêcher le persil de monter, il faut lui donner de grands arrosages pendant les fortes chaleurs de l'été.

Qu'est-ce que le cerfeuil ? — Le *cerfeuil* est une petite plante de la même famille que celle du persil ;

on l'emploie aussi comme assaisonnement; il est très rustique et se reproduit, soit par les semis qui se font dans un lieu ombragé et tourné vers le nord, soit par la séparation des pieds. Nous ne dirons rien de sa culture, qui est la même que celle du persil.

Qu'est-ce que l'oseille ? — L'*oseille*, de la famille des *poligonées*, est, de toutes les plantes potagères, celle qui, par sa rusticité, demande le moins de soins. On la cultive en bordures le long des allées ou en pleine terre selon la quantité qu'on en veut obtenir, On la multiplie aussi par la graine et par l'éclat des racines. Ce dernier moyen est préférable, car la graine tend toujours à se dégénérer.

Combien distingne-t-on de variétés d'oseilles ? — On distingue, d'après le célèbre horticulteur Vilmorin, quatre principales variétés d'oseille, savoir: 1° *l'oseille vierge*, à feuilles blondes, larges et très peu acides; 2° l'*oseille* de *Belleville*; 3° l'*oseille commune*, plus rustique que les précédentes ; 4° l'oseille de *Fervant*, très belle espèce, mais encore peu répandue.

Quels sont les soins à donner à l'oseille ? — Arroser l'oseille pendant un temps de sécheresse, à l'approche des grands froids de l'hiver, la couper près de terre et la couvrir de fumier ou de bon terreau, tels sont les soins principaux qu'il faut lui donner.

Qu'appelle-t-on épinards ? — On appelle épinards, de la famille des *chénopodées* des légumes dont l'excellence et l'utilité ont été partout démontrées. Dans les villes, il s'en fait une grande consommation pendant l'été. Cultivés pour leurs feuilles larges et rafraîchissantes, les épinards ont l'avantage de remplacer, quand ils manquent, les autres légumes du jardin potager.

Combien distingue-t-on d'espèces prin-

cipales d'épinards ? — On distingue deux espèces principales d'épinards, ceux à graines épineuses et ceux à graines lisses. Parmi les premiers, on remarque : 1° l'*épinard commun ;* 2° l'*épinard d'Angleterre,* à feuilles plus larges et plus épaisses. Parmi les seconds, on distingue : 1° l'*épinard de Hollande* ou *épinard rond ;* 2° l'*épinard de Flandre,* la plus belle variété de tous les épinards cultivés.

A quelle époque doit-on semer les épinards ? — Les épinards passent vite : aussi est-il bon d'en semer tous les mois, depuis mars jusqu'à la fin d'octobre. Les semis se font en rayons espacés de $0^{m},16$ à $0^{m}20$ centimètres dans une terre bien ameublie, fumée et arrosée aussi souvent que les besoins s'en font sentir. Si l'on sème en été, on choisit un endroit ombragé et un peu humide. Les graines épineuses doivent être préférées ; mais si l'on sème au printemps ou à l'automne, les graines lisses conviennent mieux.

Qu'est-ce que la bette en poirée ? — La *bette* ou *poirée* est un légume de la famille des *atriplicées* : ses feuilles sont employées à corriger l'acidité de l'oseille. On n'en fait qu'une consommation relativement peu considérable. La bette réussit presque sur tous les terrains, et elle n'exige aucuns frais de culture. Semée en mars, elle est consommée l'hiver suivant ; semée en juillet ou en août, elle ne produit qu'au printemps d'après.

A quelle époque monte-t-elle en graine ? — La bette ne monte en graine que la seconde année ; mais elle conserve sa faculté de germer pendant 5 ou 6 ans.

Quelles sont les principales variétés de bettes ? — Parmi les variétés de bettes principalement cultivées, on distingue : 1° la *poirée à cardes* donnant des côtes larges et tendres, excellentes à consommer à la manière des asperges ; 2° la *bette blonde.* L'une et et l'autre sont semées à la volée ou en rayons distants de 0m,15 centimètres, ou encore dans les bordures.

Qu'est-ce que l'estragon ? — L'*estragon*, de la famille des *composées*, est une plante aromatique employée comme assaisonnement pour certains mets que nous mangeons. Il s'accommode facilement de tous les terrains et se cultive principalement en bordures. Très vivace de sa nature, cette plante se multiplie par l'éclat des pieds et se conserve longtemps sans soins et conséquemment sans aucuns frais de culture.

CHAPITRE VINGTIÈME

SOIXANTE-QUINZIÈME LEÇON

Des Légumes-Racines.

De la Carotte, du Navet, du Salsifis, de la Scorsonère, du Radis, du Panais, de la Pomme de terre, de la Betterave, de la Rave et du Topinambour.

Quest-ce que la carotte ? — La *carotte*, originaire du midi de l'Europe, est un légume cultivé pour sa racine pivotante, charnue, rouge, jaune ou blanche selon l'espèce à laquelle elle appartient. La substance nutritive et le principe aromatique qu'elle contient la classeront toujours à l'un des premiers rangs parmi les légumes-racines. Elle n'est d'ailleurs que la transformation, obtenue par la culture, de la carotte sauvage sans valeur pour l'alimentation humaine.

Combien distingue-t-on de séries de carottes ? — Les nombreuses variétés de carottes sont rangées dans deux séries bien distinctes, savoir : 1° les *carottes potagères* servant exclusivement à la nourriture de l'homme ; les *carottes fourragères,* réservées à celle des animaux herbivores.

NOTA. — Pour ces dernières, voir le chapitre VI°.

Quelles sont les variétés de carottes les plus cultivées ? — Les variétés de carottes les plus cultivées dans le jardin potager sont : 1° la *carotte rouge précoce*, à racine courte, connue sous le nom vulgaire de *toupie de Hollande ;* elle croît rapidement et se prête très bien à la culture forcée ; 2° la *carotte longue rouge de Meaux ;* 3° la *carotte blanche de Nancy.* Cette variété est peu connue.

Quel est le terrain qui convient plus spécialement à la carotte ? — La carotte aime une terre franche, douce, ou encore un sol sablonneux, gras et profond ; ce sont, de tous les terrains, ceux qui lui conviennent le mieux.

Comment doit-on faire les semis de carottes ? — La terre, destinée à recevoir les semis de carotte, doit être parfaitement ameublie et fumée depuis longtemps, car une fumure récente lui serait nuisible. Après avoir ainsi préparé le terrain, on fait les semis, soit à la volée, soit en lignes espacées de 0m15 à 0m20 centimètres, à partir du mois de mars jusqu'à la fin du mois de mai. On peut recouvrir au râteau ou en promenant sur le terrain un fagot d'épines. On recommande aussi le piétinement ; mais, de tous ces moyens, le plus avantageux, c'est de répandre sur les semis une petite couche de terreau ou de terre soigneusement pulvérisée.

Quels sont les soins à donner aux semis de carottes ? — Les semis de carottes exigent beaucoup de soins : dès que les graines sont sorties de terre et que le plant a acquis une certaine consistance, on le repique dans les endroits où la graine a fait défaut. Cette opération, pour ne pas endommager le pivot de la jeune plante, ne doit se faire qu'avec prudence et précaution. On éclaircit ensuite, on sarcle et on arrose chaque fois que les besoins s'en font sentir.

Quels sont les ennemis du jeune plant de carotte? — Le jeune plant de carottes a deux grands ennemis : les limaces et une sorte d'araignée, qui lui fait le plus grand mal. Pour combattre le premier, il faut les rechercher, matin et soir, à la rosée ou pendant les journées pluvieuses. On éloigne le second en arrosant les semis avec une infusion de suie.

Que doit-on faire pour conserver les bonnes espèces de carottes? — Pour conserver les bonnes espèces de carottes, on a soin aussi de conserver les meilleures tiges. Celles que l'on conserve pour porte-graines doivent être mises dans une jauge à part. On préfère les pieds de l'année précédente à ceux de l'année, car à tort ou à raison, on les accuse de donner des graines sujettes à dégénérer.

Qu'est-ce que le navet? — Le *navet*, de la famille des *crucifères*, est un légume qui a la racine fibreuse et charnue. On le cultive en grand et dans les jardins potagers. (Voir le chapitre VIme). Cultivé en grand et dans les jardins potagers, le navet a donné naissance à un grand nombre de variétés, dont les principales sont : 1° le *navet rose du Palatinat*; 2° le *navet blanc allongé* ; 3° le *navet noir d'Alsace* ; 4° le *gris de Marigny* ; 5° le *jaune de Hollande* ; 6° le *jaune long des États-Unis*.

Quels sont les terrains qui conviennent

le plus aux navets? — La culture des navets n'exige pas de grands soins : on n'a qu'à les éclaircir et et à les sarcler de temps en temps pour les débarrasser des herbes parasites. Ils s'accommodent d'ailleurs de tous les terrains, à l'exception de ceux qui sont forts et consistants. Une terre légère, bien préparée et surtout bien fumée, leur convient tout particulièrement.

Quelles sont les espèces que le jardinage cultive spécialement? — Le jardinage ne cultive guère que les variétés dont la saveur est plus prononcée ou plus agréable. On les divise en trois classes, savoir : 1° les *navets secs*, parmi lesquels on distingue le *navet de Freneuse* et *celui de Meaux;* 2° les *navets tendres*, où l'on retrouve le *navet des Vertus* et le *navet des Sablons;* 3° les *navets demi-tendres*.

A quelle époque sème-t-on les navets?— Les semis de navets se font du mois de juin au mois de septembre, à la volée, et sur une terre fraîchement remuée. Comme pour ceux de la carotte, on ne doit employer qu'une graine ayant au moins deux années d'existence. On les soigne à peu près de la même manière.

Qu'est-ce que le salsifis et la scorsonère? — Le *salsifis* et la *scorsonère* sont deux légumes également cultivés pour leur racine. Ces deux plantes ont beaucoup d'analogie, de ressemblance entre elles. La scorsonère ou *salsifis d'Espagne* diffère du salsifis commun en ce que sa racine est noire au lieu d'être blanche. La culture, les usages et les soins qu'on leur donne sont à peu près les mêmes. Le salsifis est indigène par sa nature et la scorsonère est originaire d'Espagne. Ces deux plantes appartiennent à la famille des *composées*.

A quelle époque sème-t-on le salsifis et la scorsonère? — Le salsifis et la scorsonère se sèment, soit en février, soit en mars, soit en avril sur une terre substantielle, profondément bêchée ou labourée, convenablement ameublie et surtout fumée depuis longtemps. A cause des sarclages et des binages qui se font plus facilement, on sème en ligne plutôt qu'à la volée, et chaque ligne est espacée de $0^m,12$ à $0^m,15$ centimètres. On enfouit la graine a $0^m,02$ ou $0^m,03$ de profondeur. Lorqu'une sécheresse trop prolongée fait souffrir ces plantes, il est nécessaire alors de les arroser très fréquemment.

A quelle époque doit-on faire la récolte des racines? — La récolte des racines se fait généralement en automne : cependant, on peut ne la faire qu'au printemps suivant, car, ne craignant pas les gelées, on peut aussi sans inconvenient, laisser les racines en place pendant toute la saison rigoureuse.

Qu'est-ce que le radis?—Le *radis* est une plante annuelle de la famille des *crucifères*. Il est, dit-on, originaire de la Chine. On en connaît un grand nombre de variétés, parmi lesquelles on distingue : 1° le *radis blanc hâtif*; 2° le *blanc ordinaire*; 3° le *rose hâtif*; 4° le *demi-long rose*; 5° le *raifort* ou *radis noir d'hiver*, 6° le *blanc de Chine*; 7° enfin, le *rose d'hiver de Chine.*

Quel est le terrain que le radis préfère le plus, et comment le sème-t-on? — Le radis, quel qu'il soit, aime un terrain meuble et bien fumé, se rapprochant le plus possible de la nature du terreau. Pendant la belle saison, on peut le semer tous les huit jours Les semis d'hiver se font sur couche et sous châssis pour en avoir comme primeur. On donne toujours à ceux d'été une terre légère, humide et ombragée. Le radis se sème a la volée ou en ligne entre les laitues ou les oignons. Pour qu'il réussisse bien, il est indispensable de l'arroser frequemment et abondamment.

Comment doit-on recueillir la graine de radis? — Pour recueillir la graine de radis, on doit conserver les plus beaux pieds et en lier les tiges après des tuteurs, qui les protégent contre la violence des vents. La graine des siliques est toujours la meilleure.

Qu'est-ce que le panais? — Le *panais* est une plante bisannuelle de la famille des *ombellifères*. Sa racine est longue, jaunâtre, fusiforme, sucrée et aromatique. On ne l'emploie qu'a donner du goût aux bouillons gras. En Bretagne et en Angleterre, il se fait une grande consommation de ce légume. Ailleurs, on le cultive peu

Combien distingue-t-on de variétés principales de panais? — Cette plante se cultive exactement de la même manière que la carotte Et pour avoir de la graine, on doit, dès le mois de mars, replanter les porte-graines à 0m,50 centimètres les uns des autres en les soutenant au moyen de longs tuteurs, nommés échalas La graine est ordinairement mûre au mois d'août ou au commencement de septembre

Quelles sont les variétés de pommes de terre cultivées dans le jardin potager? — Les variétés de pommes de terre plus spécialement cultivées dans le jardin potager sont : 1° la *naine hâtive*; 2° la *vitelotte*; 3° la *petite longuette*

Comment doit-on planter les pommes de terre pour avoir des primeurs? — Lorsqu'on veut obtenir des primeurs de pommes de terre, on doit les planter a la fin de décembre sur couche et sous châssis. Dès que les tubercules sont bien enracinés et qu'ils ont donné quelques pousses, on les transplante a demeure sur une couche chaude qu'on garnit d'un mélange de parties égales de terreau et de bonne terre de jardin. On arrose ensuite, et les arrosements sont diminués à mesure que la végétation progresse. On les supprime complètement quand celle-ci est arrivée à son état normal.

NOTA. — La pomme de terre, la betterave, la rave et le topinambour appartiennent essentiellement au domaine de la grande culture. Nous n'en parlerons pas ici. (Voir les leçons qui les concernent au chapitre VI.)

CHAPITRE VINGT ET UNIÈME

—

SOIXANTE-SEIZIÈME LEÇON

—

Des plantes à fruits et à graines.

Des Pois, des Haricots, des Fèves, des Lentilles et des Tomates.

Qu'appelle-t-on pois ? — On appelle *pois* un genre de plantes appartenant à la grande famille des *légumineuses*; ils sont cultivés pour être mangés, soit à l'état vert, soit à l'état sec. (Voir la leçon XXe).

Comment doit-on cultiver les pois ? — Les pois, destinés à être mangés en vert, doivent se semer sur place et en rayons de 0m,15 à 0m,20 centimètres. Chaque planche doit être de six raies. Les pois de primeur se sèment en novembre ou en décembre pour être mangés en mai; lorsque les gelées de l'hiver les ont détruits, on fait de nouveaux semis en février ou en mars, se répétant même tous les quinze jours pour en avoir de verts pendant toute la saison de l'été. La culture de cet excellent légume a produit une grande variété de pois, se divisant en deux groupes principaux, savoir : 1° les *pois à écosser*, c'est-à-dire ceux dont on ne mange que le grain ; 2° les *pois mange tout* ou *pois sans-parchemin*, comprenant ceux dont la cosse verte est tendre et mangée avec les graines qu'elle contient.

Quelles sont les principales variétés de pois à écosser ? — Les principales variétés de pois à écosser sont : 1° le *pois michaux*, ou *petit pois de Paris* ; il faut le ramer ; 3° le *pois nain hâtif* ; 3° le pois nain de Hollande ; 4° le *pois nain de Bretagne* ; 5° le *pois michaux de Hollande*, tres précoce et meilleur que le premier, 6° le *pois de Marly* exigeant des rames ; 7° le *pois de Clamart*, cultive spécialement dans les environs de Paris.

Quelles sont les principales variétés de pois mange-tout ou sans parchemin ? — Les principales variétés de pois mange-tout sont : 1° le *pois mange-tout en éventail* ; 2° le *pois mange-tout à cornes de bélier* ; 3° le *pois sans parchemin à demi-rames*. Toutes ces espèces demandent des rames.

Quels sont les terrains qui conviennent le mieux à la culture des pois ? — Tous les pois dont nous venons de parler, s'accommodent facilement de tous les terrains : cependant ceux qui sont légers et de consistance moyenne leur conviennent particulierement. Les engrais ne sont pas indispensables a ces sortes de plantes ; mais elles se plaisent mieux dans une terre nouvellement amendée par le plâtre, les cendres, etc.

Qu'appelle-t on haricots ? — On désigne sous le nom de haricots des plantes, quelquefois ligneuses et grimpantes, de la famille des *légumineuses*, cultivées, soit dans la grande culture, soit dans le jardin potager ou petite culture. L'une et l'autre sont a peu près les mêmes. (Voir la leçon dix-neuvième.)

A quelle époque doit-on semer les haricots ? — On sème ordinairement les haricots en avril ou en mai, en rayons espacés de 0m,15 à 0m,20 centimètres pour les nains ou sans rames, et de 0m, 10 à 0m,15 pour ceux qui sont à rames.

Quels sont les haricots les plus productifs et les plus cultivés dans le jardin potager ? — Les haricots les plus productifs et les plus cultivés dans le jardin potager sont : 1° le *soissons* et le *prédame*, dont nous avons déjà parlé ; 2° le *haricot sabre* ou *sobre ;* 3° le *haricot d'Espagne ;* 4° le *haricot de Prague ;* 5° le *haricot de Prague bicolore.* Toutes ces variétés sont à rames. Parmi les haricots sans rames, on distingue : le *nain-hâtif de Laon* ou *flageolet ;* 2° le *nain-hâtif de Hollande* ; 3° le *nain de Soissons ;* 4° le *sabre nain ;* 5° le *nain blanc d'Amérique.*

Comment rame-t-on les haricots ? — On rame les haricots en se servant de branches dépouillés de leurs brindilles et longues d'environ deux mètres et demi à trois mètres. Les branches qui conviennent le mieux sont celles de châtaignier, d'aulne ou de noisetier. Nous n'insisterons ni sur la manière de les espacer, ni sur celle de les planter. Ce sont autant de notions élémentaires que tout le monde connaît.

Nota : Les fèves et les lentilles, rares dans les jardins potagers, sont traitées comme dans la grande culture.

Qu'est-ce que la tomate ? — La *tomate* ou *pomme d'amour* est une plante qui nous vient du Mexique : sensible au froid dans nos climats, elle est pourtant bien répandue dans nos pays et dans ceux du midi, où elle occupe une grande place dans le jardin potager. C'est un produit de la famille des *solanées.*

A quelle époque doit-on semer la tomate ? — La tomate doit se semer en février ou en mars, sur couche et sous châssis pour être ensuite repiquée en pleine terre dans le courant de mai. Lorsque les fruits sont bien formés, on éclaircit les feuilles pour laisser les rayons solaires pénétrer jusqu'à eux. On coupe les jets et on étête quelques branches pour donner plus de grosseur à la tomate qui exige des arrosements fréquents en été.

Quelles sont les variétés de tomates les plus cultivées ? — Les variétés de tomates les plus cultivées sont : 1° la *grosse-rouge ;* 2° la *hâtive ;* 3° la *grosse-jaune ;* 4° la *petite-rouge* ; 5° la *petite-jaune ;* 6° enfin la *tomate en poire* et *la tomate cerise.* Toutes ces espèces demandent, pour réussir convenablement, une terre meuble et fumée depuis longtemps.

CHAPITRE VINGT-DEUXIÈME

SOIXANTE-DIX-NEUVIÈME LEÇON

Des Cucurbitacées

De la Citrouille, du Melon, de la Courge et du Concombre.

Comment cultive-t-on les citrouilles ? — On cultive les *citrouilles* pour être données en nourriture aux bestiaux, pour servir également à l'alimentation de l'homme. Blanchies, elles font un mets sain et délicieux. Dans les pays très chauds, on cultive une espèce de citrouille, destinée à produire du sucre.

Combien distingue-t-on d'espèces principales de citrouilles ? — Les principales espèces de citrouilles, cultivées dans notre pays, sont : 1° la *grosse citrouille ;* 2° la *boule de Siam ;* 3° le *giraumont* ; 4° le *potiron des Indes* ; 5° le *potiron d'Espagne ;* 6° la *citrouille pleine de Naples*, etc.

Comment cultive-t-on toutes les variétés de citrouilles ? — Toutes les variétées de citrouilles peuvent être cultivées dans le jardin potager : pour réussir, elles ne demandent qu'un sol léger, fortement fumé, de la chaleur et des arrosages très nombreux. Les semis se font sur place. On prépare le terrain en creusant des fosses de $0^{m},50$ de diamètre sur $0^{m},40$ de profondeur. Le fond est rempli de bon fumier comprimé, qu'on recouvre de $0^{m},06$ à $0^{m},08$ centimètres de terreau. Chaque fosse reçoit deux ou trois graines ; mais on ne conserve qu'un seul pied.

A quelle époque doit-on faire les semis de citrouilles ? — Les semis de citrouilles se font généralement d'avril jusqu'à la première quinzaine de mai. On pourrait les faire plus tôt, sur couche et sous cloche, si l'on voulait activer la végétation des pieds ; mais, dans ce travail et pour la réussite de la plante, on a souvent à redouter les gelées qui se font sentir tardivement.

Qu'est-ce que le melon ? — Le *melon*, originaire de la Perse méridionale, est une plante excellente : sa culture, en Europe, n'est pas très ancienne. Dans les pays chauds, il croît tout naturellement ; mais, en France ou la chaleur dure peu, le melon n'est cultivé qu'artificiellement. Pour obtenir des résultats sérieux, c'est-à-dire des fruits précoces ayant atteint toute la maturité désirable, on a souvent recours aux couches chaudes, aux cloches, voire même aux châssis.

Comment prépare-t-on le terrain destiné

à recevoir les melons? — Le terrain sur lequel on veut semer des melons se prépare absolument de la même manière que celui des citrouilles, avec cette différence que les fosses sont à peu près remplies de bon terreau. Chaque trou doit être espacé d'environ deux mètres

A quelle époque sème-t-on les melons? — Les melons se sèment en mars dans la Dordogne, et, dans les départements du midi, plus tôt si les gelées de printemps ne sont plus à craindre. Lorsque le terrain a été soigneusement préparé, on met, à égale distance les unes des autres, trois ou quatre graines dans chaque trou. La plante ne tarde pas à sortir de terre, et, quand elle a atteint la longueur d'environ un décimètre, on sarcle légèrement. Quelques jours après, on bine et on retranche les pieds devenus inutiles; on ne conserve que les plus forts et les plus vigoureux. Dans le cours de leur végétation, les melons doivent être arrosés fréquemment et abondamment.

Quels sont les soins d'entretien à donner aux melons? — Les melons exigent beaucoup de soins, tant sous le rapport du terrain, qui doit être léger et profond, que sous celui de la *taille*, qui était depuis peu de temps complètement ignorée. L'opération de la taille consiste à couper la première tige, qui sort dans les *lobes charnus*. qu'on remarque dans toute plante, qui commence à germer. Si on laissait cette tige sans être pincée, elle absorberait toute la sève, et les fruits eux-mêmes viendraient tardivement. Lorsque les branches latérales commencent à se développer, on les coupe à deux ou trois yeux, de façon à ne laisser que quelques fruits à chacune d'elles. Les melons sont ordinairement mûrs du quinze juillet à la fin de septembre. On le reconnaît à la forte odeur qu'ils exhalent.

Quelles sont les principales variétés de

melons les plus cultivées? — Les principales espèces de melons les plus cultivées sont : 1° les *melons communs* ou *melons brodés;* 2° les *melons cantaloups;* 3° les *melons ananas,* à chair verte, importés des *États-Unis;* 4° les *melons à écorce unie, mince* ; 5° enfin, les *melons d'eau.*

Comment cultive-t-on les courges? — Les courges, qui ne sont qu'une variété des citrouilles et qui ressemblent à une bouteille, se cultivent exactement comme elles et comme les melons. Leur écorce devient dure comme du bois au fur et à mesure qu'elles atteignent le degré de leur complète maturité.

Comment cultive-t-on les concombres? — Les *concombres* se cultivent de la même manière que les deux plantes qui précèdent. Occupant moins de place, on les met le plus souvent sur couche et sous châssis pour être vendus comme primeurs. Gros comme le petit doigt, les concombres sont confits au vinaigre, et ils constituent ce qu'on appelle des *cornichons*.

A quelle époque sème-t-on les concombres? — Les concombres se sèment, ou en mars, ou en avril sur un terrain préparé comme il a été dit ci-dessus. Pour les faire grossir et les rendre meilleurs pour la consommation, il est nécessaire, indispensable même, de les pincer souvent.

Quelles sont les principales espèces de concombres les plus cultivées? — Les principales espèces de concombres les plus cultivées sont : 1° le *concombre blanc, long;* 2° le *blanc hâtif*; 3° le *blanc de Bonneuil*; 4° le *hâtif de Hollande;* il est d'abord blanc, puis il passe au jaune en mûrissant; 5° le *petit cornichon vert* ou *cornichon*, destiné à être confit dans le vinaigre ; 6° le *concombre* ou *melon serpent.* Cette dernière variété, comme la précédente, n'est guère cultivée que pour être confite.

CHAPITRE VINGT-TROISIÈME.

—

SOIXANTE-DIX-HUITIÈME LEÇON

—

Des arbustes.

Du Fraisier, du Framboisier, du Groseillier et du Cassis.

Qu'est-ce que le fraisier? — Le *fraisier*, de la famille des *rosacées*, est une petite plante spécialement cultivée, en planches ou en bordures, dans le jardin potager. Elle se divise en deux groupes principaux, savoir : 1° en *fraisiers communs*; 2° en *fraisiers ananas*.

Quelles sont les principales variétés de fraisiers communs ? — Les principales variétés de fraisiers communs sont : 1° le *fraisier des bois;* 2° le *fraisier des Alpes* ou *des quatre saisons;* 3° le *fraisier de Montreuil;* 4° le *fraisier buisson sans filets*. Le premier a été pendant longtemps seul cultivé dans le nord et dans le centre de la France. Les fraises qu'il produit sont petites, mais elles sont excellentes. Aujourd'hui, dans la plupart des jardins, ces fraisiers ont été remplacés par ceux qui donnent des fruits, sinon meilleurs, du moins, beaucoup plus gros. De tous les fraisiers, dont nous venons de parler, le plus important est, sans contredit, le fraisier des Alpes, qui remonte et produit des fruits plus gros que le fraisier des bois, et cela, depuis le mois d'avril jusqu'à la fin du mois de novembre. Il a donné naissance à une autre espèce, non moins remarquable, qu'on appelle le fraisier de *Gaillon*, sans filaments.

Quelles sont les principales variétés de fraisiers ananas ? — Les principales variétés de fraisiers ananas sont : 1° le *fraisier ananas* proprement dit ; 2° le *fraisier de Bath ;* 3° la *fraise Merveille ;* 4° la *princesse Royale ;* 5° la *grosse fraise blanche ;* 6° la *fraise Elton* ; 7° la *fraise Crémone ;* 8° enfin la fraise *Myatt*, etc. Quelques-unes de ces espèces ont été importées d'Angleterre, et les autres ont été obtenues par nos horticulteurs. Les fruits qu'elles produisent sont très gros et excellents ; mais ces fraisiers, sauf quelques exceptions fort rares, ne fleurissant qu'une seule fois par année, ont l'inconvénient de ne donner des fraises qu'une seule fois. C'est là leur principal défaut, compensé d'ailleurs par l'excellence de leurs produits.

Comment cultive-t-on les fraisiers ? — Les fraisiers, avons-nous dit, quelle que soit leur espèce, sont cultivés, ou en planches, ou en bordures. Le terrain, sur lequel on veut établir la fraisière, doit être préparé de longue main par un bêchage profond et une fumure dans laquelle le fumier d'écurie à demi-consommé doit entrer pour une grande part. Les planches doivent avoir une largeur de 1^{m},50 à 2 mètres, et les sentiers, qui les séparent, 0^{m},40 à 0^{m},50 centimètres. Quant aux bordures, on leur donne des fraisiers sans filaments.

A quelle époque s'effectuent les plantations de fraisiers ? — Les plantations de fraisiers s'effectuent ordinairement au printemps ou à l'automne. Cette opération réussit toujours mieux par un temps doux et humide que par un temps sec. Le chevelu des racines est rabattu à 0^{m},05 ou 0^{m},06 centimètres. On plante à la distance de 0^{m},30 à 0^{m},50 centimètres, selon les espèces ou variété de fraisiers. Pour empêcher les fruits de se remplir de terre ou de boue, on doit *pailler* la fraisière. Le paillis conserve les fraises et entretient une fraîcheur à la terre qui a bien sa valeur dans les années de sécheresse.

Comment multiplie-t-on les fraisiers ? — Les fraisiers se multiplient par leurs jets ou filaments et par leurs graines. Ce dernier mode est peu usité : cependant, les fraises des quatres saisons et celles des bois se conservent longtemps, sans dégénérer, en semant leurs graines préparées tout exprès par des lavages successifs ; semées, les autres espèces perdraient facilement leurs qualités distinctives. Il faut alors avoir recours à la multiplication par jets ou filaments. Ce moyen est le plus sûr et le plus expéditif. On multiplie aussi les variétés sans stolons, ou coulants, en éclatant les pieds. Après trois ou quatre années d'existence, et, pour ne pas les laisser dépérir entièrement, les fraisières doivent être complètement renouvelées.

Qu'est-ce que le framboisier ? — Le *framboisier* est un arbrisseau, qui appartient à la même famille que le fraisier : il croît dans presque toute la France et fournit un fruit recherché pour son odeur et sa saveur agréables. On s'en sert pour aromatiser les confitures et le vin. Planté dans les endroits du jardin où la terre ne peut être travaillée, le framboisier n'exige pas de grands frais de culture : il faut, pour le débarrasser des herbes parasites qui gênent sa végétation, le sarcler une ou deux fois dans l'année, et le tailler en janvier ou en février. Ces soins, simples et peu dispendieux, lui paraissent suffisants.

Qu'est-ce que le groseillier ? — Le *groseillier* est un petit arbuste de la famille des *ribésiacées :* il comprend deux especes cultivées dans les jardins potagers. La première, la plus répandue et la plus estimée, est le *groseillier rouge* ; son fruit sert à faire des sirops et des confitures très recherchés. Le *groseillier épineux*, produisant un fruit d'une saveur agréable, n'est guère cultivé que dans les jardins qui avoisinent les grandes villes.

Qu'est-ce que le cassis ? — Le *cassis* est un arbrisseau de la même famille que le précédent : son fruit noir, d'une odeur aromatique très agréable au goût, est beaucoup employé dans la fabrication d'une liqueur connue sous le nom de cassis. Plantés sur le bord des allées du jardin, le groseillier et le cassis font des bordures fort remarquables.

CHAPITRE VINGT-QUATRIÈME

SOIXANTE-DIX-NEUVIÈME LEÇON

Des Plantes médicinales.

Qu'appelle-t-on plantes médicinales ? — On appelle *plantes médicinales* des plantes employées tant dans la médecine des hommes que dans celle des animaux. Réserver un petit espace du jardin à la culture des plantes médicinales, c'est faire preuve de tact et d'intelligence, car, à chaque instant du jour, on peut les utiliser dans la famille, et se dispenser ainsi d'avoir recours au pharmacien.

Quelles sont les principales plantes médicinales qu'on peut cultiver ? — Les principales plantes médicinales qu'on peut cultiver sont : 1° la *bourrache ;* 2° la *violette ;* 3° la *guimauve ;* 4° la *sauge* ; 5° le *pavot* ; 6° la *mélisse* ; 7° la *lavande* ; 8° la *réglisse* ; 9° la *marjolaine* ; 10° la *camomille* ; 11° l'*absinthe* ; 12° la *rose de Provins*, etc. Il en est d'autres qui, vivant à l'état sauvage, trouvent leur emploi en médecine, savoir : 1° la *patience* ; 2° le *pissenlit* ; 3° la *menthe* ; 4° la *mauve* ; 5° le *chiendent* ; 6° les *fleurs de sureau* ; 7° les *fleurs de tilleul* et de *houblon*, etc.

Qu'est-ce que la bourrache ? — La *bourrache* est une plante de la famille des *borraginées*. L'infusion de ses fleurs est fréquemment employée comme calmant et sudorifique pour certaines maladie de l'homme. On emploie aussi ses racines et ses fleurs en décoction pour les animaux.

Qu'est-ce que la violette ? — La violette, de la famille des *violacées*, procure au fleuriste deux fleurs très estimées pour l'ornementation des jardins. Ces deux fleurs sont la violette odorante et la pensée. On en fait des tisanes ayant la même propriété que celles de la bourrache.

Qu'est-ce que la guimauve ? — La *guimauve* est de la famille des *malvacées* : elle s'accommode aisément de tous les terrains, pourvu qu'ils soient légèrement humides. On la multiplie, soit en novembre, soit en décembre en divisant ses pieds, qu'on replante immédiatement. Toute la plante est utilisée : sa racine, qu'elle soit fraîche ou sèche, sert à faire des décoctions émollientes et adoucissantes dans les affections inflammatoires, internes ou externes ; séchées à l'ombre, ses fleurs ont la même vertu dans les affections catarrhales et dans toutes les maladies de poitrine. En médecine vétérinaire, plusieurs variétés de guimauves sont avantageusement employées comme médicaments mucilagineux. On fait même, avec leurs racines pulvérisées et mélangées avec du miel, des *électuaires*, ou préparations médicinales destinées aux animaux.

Qu'est-ce que la sauge ? — La *sauge* est un arbrisseau, dont les fleurs sont bleuâtres, appartenant à la famille des *labiées*. On la cultive principalement dans le midi de la France. On en distingue deux variétés principales, savoir : 1° la *grande sauge*; 2° la *petite sauge*. L'une et l'autre ont une forte odeur aromatique et une saveur des plus amères. En médecine, on emploie les sauges en lotions sur des engorgements chroniques; en bains, dans les maladies intestinales pour tonifier les tissus et activer leur guérison. Dans la médecine des animaux, ces plantes, administrées en décoctions à l'intérieur, excitent la circulation du sang dans les maladies de langueur. Elles sont tout à la fois *toniques, stomachiques, stimulantes* et *sudorifiques*.

Qu'est-ce que le pavot ? — Le *pavot*, de la famille des *papavéracées*, est une plante qui produit une substance, appelée *opium*, à la fois *calmante* et *somnifère*. On prépare avec cette substance un des médicaments les plus précieux de la *thérapeutique*. En France, une variété de pavot est cultivée comme plante oléagineuse, et les autres espèces, comme plantes d'ornement (Voir le chapitre VIII).

Qu'est-ce que la mélisse ? — La *mélisse*, appelée vulgairement *citronnelle*, croit spontanément dans les terrains incultes du midi de la France. Elle appartient aux *labiées*; elle a une odeur aromatique très prononcée et est employée, en médecine, comme tonique, *céphalique, antispasmodique* et *sudorifique*. On prépare avec la mélisse une liqueur connue sous le nom d'*eau de mélisse*, très renommée et très recherchée.

Qu'est-ce que la lavande ? — La *lavande* est un arbuste qui est de la même famille que la mélisse : elle ne végète guère que dans le centre et le midi de la France. On fait avec une variété de cette plante distillée, une espèce d'huile, appelée *essence de lavande*, fréquemment employée dans le traitement de certaines maladies, soit des hommes, soit des animaux. Toutes les lavandes, quelles que soient leurs variétés, ont une odeur aromatique très prononcée.

Qu'est-ce que la réglisse ? — La *réglisse* est de la famille des *légumineuses* : on la cultive en grand dans le midi de l'Europe comme plante médicinale, et, en France, elle croît spontanément sur quelques montagnes du centre, notamment sur celles de l'Auvergne. Sa racine sucrée est employée en décoction pour faire certaines boissons hygiéniques. En Espagne, on en fabrique une sorte de suc que l'on nomme *suc de réglisse*, très apprécié pour les maux de gorge.

Qu'est-ce que la marjolaine ? — La *marjolaine* est aromatique et de la famille des *labiées*. Nous ne dirons que peu de chose de cette plante, qui se cultive de la même manière que les lavandes, et qui en a les mêmes propriétés.

Qu'est-ce que la camomille ? — Cultivée dans les jardins comme bordures, la *camomille* ou *camomille romaine* est une herbe, dont les racines vivaces et horizontales produisent plusieurs tiges ramifiées, ne portant qu'une seule fleur, dont les rayons sont blancs et le disque est jaune. Cette plante appartient à la famille des *composées*. Elle est amère et aromatique ; ses fleurs sont toniques, stomachiques, fébrifuges et antispasmodiques. On les utilise aussi dans la médecine des animaux domestiques.

Qu'est-ce que l'absinthe ? — L'*absinthe* est une plante très vivace, de la même famille que la précédente. Elle croît bien dans notre pays. Sa tige, qui atteint quelquefois la hauteur d'un mètre, est rameuse et dure ; elle fleurit vers la fin de l'été ; ses fleurs sont jaunâtres, globuleuses et disposées en grappes dirigées vers le même sens ; elle exhale une odeur aromatique très prononcée ; sa saveur, piquante et amère, laisse dans la bouche un sentiment de chaleur très caractérisé. Employée dans la médecine, l'absinthe a la propriété d'être carminative, fébrifuge et vermifuge. L'emploi de cette plante n'est pas moins précieux dans certaines affections des animaux domestiques : administrée, soit en poudre, soit en infusion dans l'eau, dans le vin ou même dans l'alcool, elle excite extraordinairement les organes digestifs, rétablit la circulation, stimule toute l'économie animale et lui donne une plus grande énergie. L'absinthe a donc de précieuses qualités médicinales : négliger sa culture, serait une faute, que tout horticulteur intelligent doit éviter.

Qu'est-ce que la rose de Provins? — La rose de Provins est une fleur cultivée spécialement dans les environs de cette ville. Elle a des propriétés fort remarquables en médecine : les pétales de la fleur sont *astringents ;* de cette dernière, on en fait plusieurs préparations liquides, dont l'une d'elles est excellente contre les maladies *ophthalmiques.*

Comment cultive-t-on les plantes médicinales ? — La culture de presque toutes les plantes médicinales, dont nous venons de parler, est complètement négligée. Pourtant, elles ne demandent ni de grands frais, ni de grands soins : elles paraissent s'accommoder de tous les terrains, puisqu'elles végètent, pour la plupart du moins, sur ceux mêmes qui sont incultes et rocailleux. Tailler ces plantes en temps opportun, les débarrasser des mauvaises herbes en les sarclant une ou deux fois chaque année, les arroser pendant les fortes chaleurs de l'été, tels sont les principaux soins qu'il est nécessaire de leur donner. Et, à cause des avantages qu'on en retire, on ne doit pas, si l'on ne veut méconnaître ses intérêts, les leur trop ménager.

QUATRE-VINGTIÈME LEÇON

Des Plantes médicinales (SUITE ET FIN.)

Quelles sont les plantes qui, vivant à l'état sauvage, sont considérées comme plantes médicinales? — Les plantes qui vivent encore à l'état sauvage, c'est-à-dire celles qui ne reçoivent aucune culture, sont, avons-nous dit, la *patience*, le *pissenlit*, la *menthe*, la *mauve*, le *chiendent*, les *fleurs de sureau*, *de tilleul* et *de houblon*, etc.

Qu'est-ce que la patience ? — La patience est une plante herbacée, appartenant à la famille des *polygonacées*. On la trouve partout. Elle est tonique et apéritive.

Qu'est-ce que le pissenlit ? — Le pissenlit est de la famille des *composées* : il existe plusieurs variétés de pissenlits, qui donnent un fourrage excellent pour les bestiaux. Les jeunes pousses de ces plantes sont mangées en salades en février et en mars. Leurs feuilles et leurs racines sont toniques, dépuratives et diurétiques.

Qu'est-ce que la menthe ? — La *menthe*, qui comprend plusieurs variétés, croît généralement dans les endroits frais, humides, comme par exemple, sur les bords des ruisseaux, des marais, des fossés et le long des haies. Elle est de la famille des *labiées*, et, comme plusieurs autres labiées, elle a des propriétés médicinales, remarquables : elle est aromatique, stimulante, tonique, stomachique et sudorifique. On doit récolter la menthe au moment de la floraison. On ne cultive que la *menthe officinale*.

Qu'est-ce que la mauve ? — La *mauve* est de la même famille que celle de la guimauve. On pourrait la cultiver dans le jardin comme cette dernière. Toutes les variétés de la plante sont utilisées comme étant émollientes, adoucissantes et mucilagineuses. On emploie ordinairement leurs feuilles, leurs fleurs et leurs racines avec lesquels on fait des cataplasmes, des décoctions adoucissantes données, soit en boissons, soit en bains, soit en lavements aux hommes et aux animaux. Dans tout le règne végétal, il n'existe pas de meilleur émollient, de plus simple et de plus économique remède que toutes les espèces de mauves.

Qu'est-ce que le chiendent ? — Le *chiendent*, tous les cultivateurs le savent par expérience, car il leur coûte beaucoup de peines pour le détruire, se multiplie avec une facilité extrême, et nuit extraordinairement aux récoltes de quelque nature qu'elles soient. On est obligé d'enlever ses racines des champs après les avoir arrachées, car, sans cette précaution, elles reprennent aisément, croissent et se multiplient de nouveau. Le chiendent est de la famille des *graminées*, et, nous l'avons dit, les sarclages bien faits sont un des moyens les plus puissants pour en activer la destruction. Avec les inconvénients qu'elle présente, cette plante n'en est pas moins une plante médicinale d'une grande valeur pour certaines maladies internes : elle est apéritive et diurétique.

Qu'est-ce que le sureau ? — Le *sureau* est un arbuste de la famille des *caprifoliacées*, très connu et très commun dans notre pays. En médecine, on emploie sa fleur en décoction comme astringent, contre les maladies des yeux, et en infusion, comme sudorifique.

Qu'est-ce que le tilleul ? — Cultivé principalement pour son beau feuillage servant d'ornement autour de nos habitations, le *tilleul*, qui est de la famille des *tiliacées*, produit une fleur avec laquelle on fait des infusions agréables et sudorifiques.

Qu'est-ce que le houblon ? — Le *houblon*, plante sarmenteuse et grimpante, est de la famille des *urticées*: c'est au principe amer contenu notamment dans la lupuline, espèce de poussière jaunâtre formée sur les bractées de sa fleur, que l'on doit la propriété tonique de cette plante. C'est ce principe même qui donne à la bière l'une de ses qualités les plus recherchées. Indépendamment des produits qu'on retire du houblon, produits qui sont considérables dans le Nord, ses fruits sont, en médecine, *antiscorbutiques* et sudorifiques. (Voir le chapitre IX).

QUATRE-VINGT ET UNIÈME LEÇON

De la Culture des Fleurs.

Comment cultive-t-on les fleurs ? — On cultive les fleurs comme ornement et comme délassement: elles n'ont, il est vrai, aucune utilité dans l'acception propre du mot, mais comme plantes d'agrément, elles offrent l'avantage de récréer les yeux et de reposer l'esprit. Tout le monde, l'habitant de la campagne comme celui de la ville, n'est indifférent aux charmes qu'elles procurent. Aussi, de nos jours, la culture des fleurs a-t-elle pris un développement considérable.

Où cultive-t-on le plus ordinairement les fleurs ? — Ordinairement, on cultive les fleurs dans le jardin, où on leur consacre quelques plates-bandes ou quelques-unes des bordures se trouvant sur les allées principales. On en fait aussi des massifs.

Comment doit-on classer les plantes d'agrément cultivées dans le jardin ? — Les plantes d'agrément cultivées dans le jardin, comprenant une infinité d'espèces, qu'il serait trop long d'énumérer ici, se classent de la manière suivante : 1° en *arbustes* proprement dits ; 2° en *plantes vivaces* ; 3° enfin, en *plantes annuelles*.

Quelles sont les principales espèces d'arbustes ? — Les principales espèces d'arbustes sont ; 1° le *rosier* ; 2° le *lilas* ; 3° le *seringat* ; 4° le *jasmin blanc* : 5° le *genêt d'Espagne*.

Qu'est-ce que le rosier ? — Le *rosier* est un arbuste de la famille des *rosacées*, cultivé pour la production de sa fleur, la rose, appelée à juste titre la reine des fleurs par la beauté et le parfum qu'elle exhale. La culture de cet arbuste a créé des variétés infinies de rosiers parmi lesquelles on remarque : 1° le *rosier commun* ou *rosier à cent feuilles* ; 2° le *rosier de mai* ; 3° le *rosier du Bengale* produisant des fleurs presque toute l'année et ; 4° le *royal remontant*.

Comment multiplie-t-on le rosier ? — Le rosier se multiplie, soit par la bouture, soit par les drageons, qui poussent au pied de l'arbuste, soit par la greffe en écusson sur l'églantier, ou rosier sauvage. Ce dernier est très beau, mais il dure peu.

Qu'est-ce que le lilas ? — Le *lilas*, originaire du Levant, est un arbrisseau de la famille des *jasminées*, cultivé partout pour ses belles fleurs en grappes, d'une odeur suave. On distingue plusieurs espèces de lilas : 1° le *lilas blanc* ; 2° le *lilas commun*. Ces deux variétés sont les plus répandues, 3° le *lilas de Perse* donne une des plus belles fleurs qui puissent orner nos jardins ou nos parterres. Les lilas sont un des ornements les plus beaux que l'homme ait découverts sur le règne végétal.

Qu'est-ce que le seringat ? — Le *seringat* ou *syringat* est de la famille du précédent: sa fleur blanche répand une odeur assez agréable. A cause de sa rusticité, il peut croître et se reproduire dans tous les climats; il est, avec le lilas, un des arbrisseaux d'ornement les plus recherchés. L'un et l'autre se reproduisent par la transplantation de leurs rejetons.

Qu'est-ce que le jasmin ? — Le *jasmin*, de la famille des *jasminées*, produit une fleur d'une odeur agréable, qui la fait rechercher.

Qu'est-ce que le genêt d'Espagne ? — Le *genêt d'Espagne* est un arbrisseau, qui appartient à la famille des *légumineuses*. On le taille en boule; il donne des grappes de fleurs d'une odeur agréable; ses rameaux, assez gros et cylindriques, peuvent être employés comme ceux de l'osier, à lier la vigne, les espaliers. Une variété de cet arbuste sert à faire une sorte de teinture jaune.

Qu'appelle-t-on plantes vivaces ? — On donne le nom de plantes vivaces à certaines plantes qui produisent des fleurs sur les mêmes tiges pendant plusieurs années.

Quelles sont les principales plantes vivaces cultivées dans les jardins ? — Les principales plantes vivaces cultivées dans les jardins sont: 1° la *violette*, la simple et la double; 2° les *marguerites*; 3° les *œillets*; 4° la *primevère*; 5° les *pensées*; 6° les *jacinthes*; 7° le *narcisse des poetes*; 8 le *lis blanc*; 9° le *dahlia*; 10° la *pivoine*; 11° la *tulipe*; 12° le *muguet*, etc.

Nota : Ces plantes sont suffisamment connues pour que nous en donnions ici la description.

Qu'appelle-t-on plantes annuelles ? — On

appelle plantes annuelles celles qui ne végètent que pendant un an. On sème leurs graines au printemps pour qu'elles donnent leurs fleurs dans le courant de l'été.

Quelles sont les principales plantes annuelles cultivées dans les jardins —Les principales plantes annuelles cultivées dans les jardins sont : 1° la *balsamine*; 2° la *reine-marguerite*, 3° les *giroflées*, parmi lesquelles on distingue le *violier*, la *giroflée jaune* et la *giroflée quarantaine* ; 4° les *pois de senteur*, ou *pois-fleur*; 5° le *réséda* odorant; 6° le *réséda-gaude*, cultivé pour la teinturerie, etc.

QUATRE-VINGT-DEUXIÈME LEÇON.

Des ennemis et des protecteurs naturels des plantes.

Quels sont les principaux ennemis des plantes? — Cultivées, soit dans les champs, soit dans les jardins, les plantes, de quelque nature quelles soient, ont des ennemis nombreux et terribles. Parmi les principaux, nous citerons : 1° dans l'ordre des rongeurs, le *rat*, le *loir*, le *lerot*, le *muscardin*, le *mulot* se multipliant avec une rapidité effrayante et se nourrissant presque exclusivement des fruits et des graines des plantes; 2° dans celui des insectes, les *courtilières*, les *altises*, les *pucerons*, les *fourmis*, les *criquets*, les *sauterelles*, la *pyrale* et les *teignes* de la vigne, les *teignes pradelles*, les *chenilles*, *processionnaires* et autres, les *vers blancs*, ou *larves* de *hannetons*, les *limaces* et les *limaçons*, etc.

Comment détruit-on les animaux rongeurs? — Pour détruire les animaux rongeurs, on emploie, le plus souvent, des assommoirs, des piéges et certaines préparations empoisonnées, qui n'ont pas toujours le mérite de réussir parfaitement.

Quel mal font les courtilières ou taupes-grillons ? — Les *courtilières* ou *taupes-grillons*, insectes *orthoptères* causent des ravages très grands partout où elles se trouvent. En se frayant un chemin pour aller chercher leur nourriture, ces insectes coupent les racines des plantes, qui se flétrissent d'abord, et meurent ensuite. Chaque courtilière pond de deux à trois cents œufs par année, dans des nids qu'elle prépare dans le sol, si l'on n'y prend garde, elle se multiplie rapidement.

Comment détruit-on les courtilières? — La destruction des courtilières n'est pas toujours chose bien facile : cependant, on recommande de mouiller légèrement la terre pendant la plus forte chaleur du jour. Cette humidité fait sortir les inscetes qu'on écrase au fur et à mesure qu'ils apparaisent a la surface du sol.

Quel mal font les altises? — Les *altises*, de toutes les nuances, appartiennent à l'ordre des *coléoptères*. Elles sont très nuisibles à l'agriculture et principalement aux jardins potagers. Elles dévorent les raves, les navets, les choux et une infinite d'autres légumes fournis surtout par les crucifères.

Comment détruit-on les altises? — Pour détruire les altises, on emploie avantageusement, soit de la cendre, soit de la chaux pulvérulente. Repandues sur les plantes le matin, de bonne heure, c'est-a-dire avant le lever du soleil, ces substances produisent quelquefois de tres bons effets

Quel mal font les pucerons? — Classés dans

l'ordre des *hémiptères*, les pucerons font, dans nos campagnes, des ravages si considérables que très souvent, ils recouvrent les jeunes pousses des végétaux qu'il font périr en suçant leurs sucs. Les artichauts les fèves et quelques autres légumes, sont particulièrement attaqués par ces insectes.

Comment détruit-on les pucerons ? — Lorsque l'action des pucerons est circonscrite, on peut les détruire par les mêmes moyens que pour les altises; mais lorsqu'ils envahissent les arbres et les campagnes même, il est bien difficile, sinon impossible, de se mettre à l'abri des dégâts qu'ils occasionnent, surtout aux arbres fruitiers.

Quel mal font les fourmis ? — Les *fourmis* appartiennent aux *hyménoptères* : elles exercent leurs ravages, soit dans les jardins sur les légumes et les arbres fruitiers, soit dans les maisons d'habitation où elles s'introduisent pour sucer les fruits, le miel et tous les aliments sucrés. Partout où elles passent, elles répandent une odeur désagréable, qui les fait souverainement détester.

Comment détruit-on les fourmis ? — Les fourmis se détruisent difficilement : de tous les moyens jusqu'ici essayés, aucun n'a complètement réussi. Pour éloigner ces insectes ou pour les anéantir, On préconise cependant la poudre de charbon, la fleur de soufre, la chaux vive la suie de cheminée, le sucre pulvérisé, mélangé à l'arsenic, etc. Le meilleur mode de destruction, c'est de découvrir leurs nids et de les y brûler par le feu ou par l'eau bouillante. Quelques entomologistes pensent qu'il faut détruire ces hyménoptères; d'autres, très distingués, les rangent parmi les insectes utiles. Ils croient, peut-être ont-ils raison, que le bien compense largement le mal qu'ils font.

Quel mal font les criquets et les sauterelles? — Les *criquets* et les *sauterelles*, insectes *orthoptères*, font le plus grand mal en dévorant certains végétaux. Quelques grandes espèces, telle que le criquet voyageur d'Afrique, arrivent souvent en Algérie par bandes immenses et dévastent tout sur leur passage. Dans quelques contrées du midi de la France, ces insectes sont aussi très-nuisibles. Les taupes et quelques quadrupèdes insectivores en détruisent beaucoup

NOTA : pour la pyrale, les teignes de la vigne, les teignes pradelles et les chenilles, voir les leçons relatives à la vigne, chapitre XII.

Quel mal font les larves de hannetons? — Les *larves de hannetons* rongent les racines des plantes. On connaît leurs dégâts au dépérissement de ces dernières. Les taupes, quelques oiseaux et quelques quadrupèdes insectivores ne vivent presque exclusivement que de vers blancs ou de hannetons.

Quel mal font les limaces et les limaçons ? — Les *limaces* et les *limaçons*, qui se multiplient avec une grande rapidité, dévorent les semis d'automne ou de printemps ; mais c'est surtout dans les jardins que leurs ravages sont considérables : avides de légumes frais et tendres, ils n'en laisseraient aucun, si l'on n'avait le soin de les détruire.

Comment détruit-on les limaces et les limaçons? — Pour détruire les limaces et les limaçons, il faut, matin et soir, leur faire une chasse incessante. Ce moyen est toujours le plus sûr et le plus puissant. On peut aussi circonscrire leurs ravages en répandant sur les semis de légumes et sur les légumes eux-mêmes, de la chaux, de la suie ou de la cendre.

Quels sont les protecteurs naturels des plantes? — Les protecteurs naturels des plantes, sont : 1° les *insectes insectivores* ou *carnassiers*; 2° les *oiseaux*.

Quelle est l'utilité des insectes insectivores? — Les *insectes insectivores* sont de la plus grande utilité : ils se nourrissent de ceux qui sont phytophages, ou mangeurs de plantes. A ce titre, ils sont très précieux, puisqu'ils débarrassent les plantes de ceux qui sont malfaisants et dont nous déplorons si souvent les ravages.

Quels sont les principaux insectes insectivores? — Les principaux insectes insectivores, sont : 1° dans l'ordre des coléoptères, les *cicindélides*, les *carabides*, les *brachélytres*, les *clavicornes* les *pectinicornes*, les *sternoxes*, etc. ; 2° dans l'ordre des orthoptères, les *fortificules*, les *grillons champêtres* et les *grillons domestiques*, les *mantes*, etc. ; 3° parmi les petits mammifères de la même famille, les *hérissons*, les *chauve-souris*, les *musaraignes*, les *desmans*, les *taupes*, etc.

Quelle est l'utilité des oiseaux? — L'utilité des oiseaux est incontestablement reconnue : la plupart d'entre eux ne se nourrissant que d'insectes nuisibles aux plantes, nous devons donc en protéger et en favoriser la multiplication par tous les moyens possibles, car multiplier les oiseaux utiles, c'est diminuer le nombre des insectes, et, par cela même, augmenter nos ressources alimentaires et nos revenus même. Empêcher les enfants de dénicher les nids de ces auxiliaires puissants, ce serait rendre un immense service à l'agriculture et conséquemment à nous-mêmes.

Qu'appelle-t-on oiseaux insectivores? — On désigne sous le nom d'*oiseaux insectivores* ceux dont la nourriture se compose presque exclusivement d'insectes. Ces volatiles sont nombreux ; parmi les principaux, à bec fin et chanteurs, nous citerons : les *hirondelles* de cheminée et les martinets, chassant les insectes au vol et en détruisant une quantité considérable; 2° le *tarier*; 3° les *fauvettes* des champs et des jardins; 4° les *rossignols* des bois et des murailles; 5° les *bergeronnettes* grise et jaune; 6° les *mésanges*; 7° les *rousserolles*; 8° les *sansonnets*; les *merles*, etc.; parmi les oiseaux à gros bec, nous nommerons aussi : 1° le *pic-vert*; 2° le *pic-épeiche*; 3° la *pie-grièche rousse*; 4° la *chevêche*; 5° l'*engoulevent*, etc., etc.

FIN.

TABLE DES MATIÈRES.

Première partie.

CHAPITRE QUATRIÈME.

CHAPITRE CINQUIÈME.

CHAPITRE SIXIÈME.

CHAPITRE SEPTIÈME.

Quatrième partie.

CHAPITRE VINGTIÈME.

CHAPITRE VINGT ET UNIÈME.

CHAPITRE VINGT-DEUXIÈME.

CHAPITRE VINGT-TROISIÈME.

CHAPITRE VINGT-QUATRIÈME.

3115 — Tours, imp. Rouillé-Ladevèze, rue Chaude, 6.

www.ingramcontent.com/pod-product-compliance
Ingram Content Group UK Ltd.
Pitfield, Milton Keynes, MK11 3LW, UK
UKHW020441200726
13857UKWH00002B/517